MARTIN HALLER

Eine Dynastie im Sattel

Die Pferde im Reiche der Habsburger

Gewidmet dem Andenken an Arnold von Hoffmann,
Rittmeister im k.u.k. Dragoner-Regiment No. 10 –
„Fürst Liechtenstein“

Herausgeber: Dokumentationszentrum für altösterreichische Pferderassen

Druck und Vertrieb im Auftrag der Autorin/des Autors: Buchschmiede von Dataform Media GmbH, Wien

www.buchschmiede.com

ISBN: 978-3-99070-464-6

Printed in Austria

Inhalt

Vorwort

Die Pferde meiner Heimat haben mich stets fasziniert: die imposanten Kladruber, die barocken Lipizzaner, die flotten Haflinger und viele mehr; die stilvollen Gestüte der Donaumonarchie mit ihren kaisergelben Fassaden und schlichten Reithäusern; die Spanische Reitschule zu Wien. Sie alle entstanden in jener Epoche, die vom Haus Habsburg geprägt war. Das vorliegende Buch entstand aus der Hoffnung, dass diese Ära und Kultur das Interesse einer Leserschaft erwecken mögen, die gerne ihren Blick in die Vergangenheit richtet – und Pferde liebt!

Es ist unbestreitbar, daß unser heutiges Österreich nur mehr bedingt zu den hippologisch bedeutenden Ländern gezählt werden kann. Die Geschichte unserer Monarchie, und hier vor allem das Haus Habsburg selbst, war ganz vom Pferde geprägt und kann eine „glorreiche" genannt werden.

Allen jenen Personen, die zur Entstehung dieses Buches beitrugen, sei hier mein besonderer Dank ausgesprochen. Die Hilfsbereitschaft und das freundliche Interesse, welche mir entgegengebracht wurden, sind Zeugnis dafür, daß unser Thema – die Pferdewelt unter den Habsburgern – noch immer viele Menschen interessiert, ja sogar fasziniert.

Martin Haller

St. Stefan ob Stainz, 2017

I. Die Pferde Altösterreichs

Das Habsburgerreich war Heimat ausgezeichneter Pferde und bedeutender Gestüte, unter denen die Hofgestüte eine hervorragende Rolle einnahmen.

Weltweit existieren etwa 400 Pferderassen. Viele unter ihnen können auf eine lange, bewegte Geschichte verweisen, andere sind erst vor kurzem entstanden. Vielen Pferdefreunden im klein gewordenen Österreich und auch im Ausland ist nicht bewusst, dass man im Reiche der Habsburger – zuerst das Heilige Römische Reich Deutscher Nation, später sinngemäß Österreich und Ungarn, bzw. Cisleithanien und Transleithanien – vor dem Ersten Weltkrieg erstklassige Pferderassen in großer Zahl züchtete. Damals blickte man im riesigen Reich auf eine jahrhundertealte hippologische und equestrische Tradition zurück. Diese ist inzwischen durch die beiden verheerenden Weltkriege nachhaltig unterbrochen worden. Vor allem die enormen Gebietsverluste im Osten bewirkten die Aufgabe beinahe jeglicher züchterischer Ambition in der kleinen Republik Österreich. Während sich die deutsche Pferdezucht rasch und erfolgreich aus der Asche erhob und

Die weiten Steppen des Ostens eigneten sich bestens zur Zucht edler Pferde, besonders die Puszta.

nun weltweit einzigartig dasteht, hinkt die Alpenrepublik in manchem hinterher. Gerade in solchen Situationen ist es vergnüglich und lehrreich, sich an der ruhmreichen Vergangenheit zu delektieren. Eine Abhandlung über die Pferde Altösterreichs ist zwangsläufig ein nostalgischer Rückblick – doch warum nicht? Ist die Vergangenheit nicht das einzige Paradies, aus dem man nicht vertrieben werden kann?

Es erscheint logisch, dass die besten Pferde der Doppelmonarchie aus Ungarn, Galizien, der Bukowina und Mähren stammten; auch die Hofgestüte Kladrub/Böhmen und Lipizza/Istrien zogen vortreffliche Pferde. Besonders die weiten Steppenlandschaften der ungarischen Tiefebene waren geeignet, große Zahlen schneidiger Kavalleriepferde hervorzubringen. Graf Wrangel, der als bekannter Hippologe die Doppelmonarchie bereiste und beschrieb, stellte um 1907 fest, dass zwar das wilde Reiterleben vergangener Zeiten auch in Ungarn habe weichen müssen, dennoch sei es keine leere Phrase, dass edle Rösser noch immer eine bedeutungsvolle Rolle im Leben des Magyaren spielten. Er wüßte auf der ganzen Welt kein Land außer England, wo dem Pferde eine so allgemeine und unbestrittene Verehrung entgegengebracht würde wie in Ungarn.

Auch im dunklen Bergland der Bukowina, was soviel wie Buchenwald heißt, entstand im Staatsgestüt Radautz eine unerschöpfliche Quelle guten Pferdematerials. Die östliche Reichshälfte war also die Wiege jener Rassen, die man heute als altösterreichisches Halbblut bezeichnet.

Der Begriff Rasse, dem in der Tierzucht so großes Gewicht zukommt, bezeichnet eine abgegrenzte Population, die sich durch gemeinsame und vererbliche Merkmale von anderen Populationen klar unterscheidet. Im züchterischen Sinne spricht man auch dann von einer Rasse, wenn es eine Dokumentation der Zucht gibt (Stutbuch), diese zudem ein gerichtetes Ziel verfolgt und innerhalb einer definierten Population (mit Zuchttieren) durchgeführt wird.

Die Halbblut-Rassen

Streng genommen versteht man bei Pferden unter Halbblut eine Kreuzung von englischem oder arabischem Vollblut mit einer weniger edlen Rasse. Die meisten der modernen Sportpferderassen fallen unter diese Definition, allerdings ist die Bezeichnung Warmblut heute weitaus gebräuchlicher.

Die drei alten Rassen Furioso, Gidran und Nonius stellen im modernen Sinne Warmblüter dar. Da sie aber auf edle Hengste (Vollblut oder Halbblut) zurückgehen, bezeichnete man sie früher als Halbblut-Rassen, was korrekt ist. Auch die ihnen ähnliche Rasse des Kisbérer Pferdes muß erwähnt werden, diese stand dem Vollblut am nächsten. Als brauchbare, harte Pferde von großer Ausdauer und Schnelligkeit eigneten sie sich hervorragend für jegliche Art der reiterlichen Nutzung und den leichten Zug. Ihr Forte war aber eindeutig die militärische Verwendung, denn sie wurden nicht auf sportliche Spitzenleistungen selektiert, sondern auf möglichst durchgehende Brauchbarkeit im harten Militäreinsatz. Leider konnte keine einzige dieser

Edle Halbblutpferde waren beim Adel und Militär besonders beliebt, denn sie waren hart und schnell.

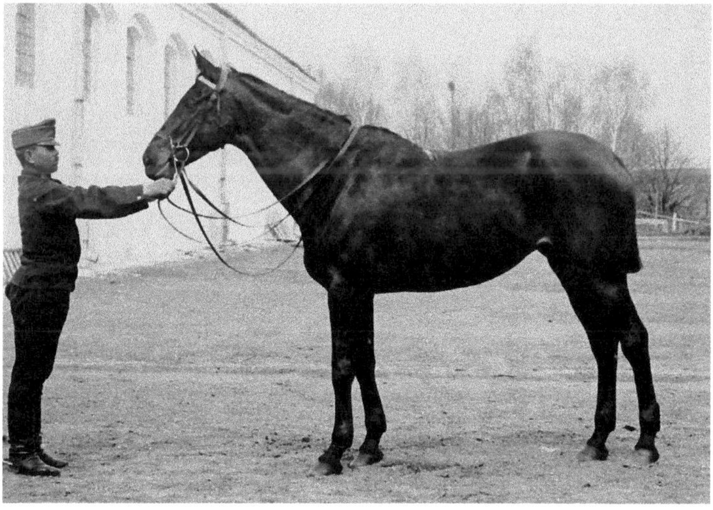

Die Gidran-Rasse ging überwiegend auf arabische Vorfahren zurück und ist deshalb besonders ausdauernd.

inzwischen selten gewordenen Rassen züchterisch so umgeformt werden, dass sie den modernen Höchstanforderungen an Sportpferde genügen würde.

Der Gidran ist ein schönes, angloarabisches Sportpferd leichten Typs, mit dem Schmelz des Orientalen versehen. Die Rasse bringt beinahe ausschließlich Füchse hervor; Schimmel und Braune sind selten. Hauptzuchtgebiete sind Ungarn und Rumänien; auch Bulgarien. Der Furioso (mit seinen Spielarten North Star oder Przedswit) ist ein kräftiges, großrahmiges Pferd, welches seine Vollblut-Vorfahren nicht verleugnet, dabei aber mehr Knochenstärke und Kaliber aufweist. Hier findet man überwiegend Braune, selten auch Rappen, Füchse oder Schimmel. Zuchtgebiete sind Tschechien,

Die Furioso-Rasse stellt vor allem kräftige, große Pferde; ihre Wurzeln lagen beim englischen Vollblut.

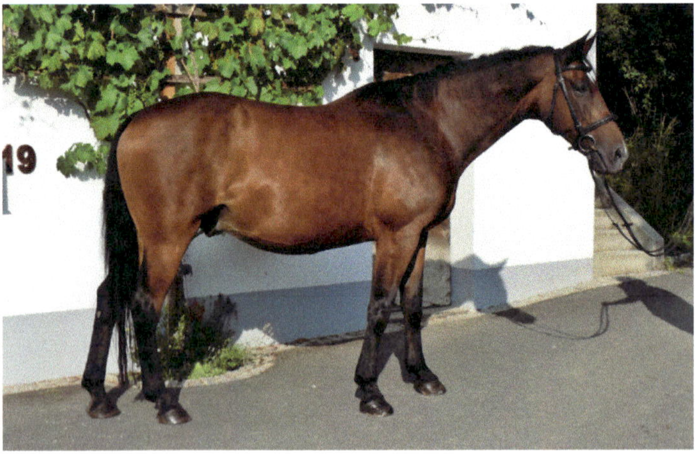

Ein Normannen-Hengst war Stammvater der Nonius-Rasse; es sind Wagenpferde von besonderer Genügsamkeit.

Polen und Rumänien. Der Nonius ist hingegen beinahe immer als Rappe zu finden, ganz selten als Brauner; diese Pferde sind kräftige, gut mittelgroße Tiere von großer Kraft und Ausdauer, die vor allem im Wagen große Leistungen vollbringen, aber auch schwere Reiter tragen können. Die Zucht ist im südlichen und östlichen Ungarn fest verankert.

Die Pferderassen Altösterreichs waren den Menschen der riesigen Doppelmonarchie ähnlich – nicht besonders auffällig, aber von einer gewissen Eleganz; selten Spitzenathleten, aber von zäher Ausdauer; manchmal von etwas sturem oder aufbrausendem Temperament, aber nie grundschlecht; und immer in der Lage, aus der jeweiligen Situation das Beste zu machen. Werfen wir also einen etwas genaueren Blick auf jene Rassen, für deren Zucht das Habsburgerreich zu Recht berühmt war.

Es wird ersichtlich, dass die Wurzeln all dieser Rassen im Osten lagen, wo man stets eine besondere Vorliebe für das leichte, edle Pferd hatte, während es der innerösterreichische Bauer mehr mit den kaltblütigen Schlägen hielt. Die Gestüte der östlichen Reichshälfte produzierten neben harten Reit- auch erstklassige Kutschpferde, die man auch in entsprechendem Umfang im Reich und im Ausland nützte. Kein Landadeliger, der nicht mit einem schneidigen Jucker-Fünferzug vor dem Jagdwagen über die sandige Pußta fuhr; kein Offizier, der nicht einen schnellen, harten Shagya-Araber aus Radautz reiten wollte; kein Bauer schließlich, dem nicht ein genügsamer Huzule oder Nonius unermüdliche Dienste leistete. So berühmt waren die

Ein elegantes Noniusgespann vor einem Jagdwagen im ungarischen Gestüt Mezőhegyes.

österreichisch-ungarischen Pferde, dass alljährlich eine große Zahl an die Armeen von Bulgarien, Türkei, Italien, Serbien und Rumänien exportiert wurde. Allein nach Deutschland gingen z. B. im Jahre 1907 nicht weniger als 2.700 Pferde, vor allem in Privathände. Dabei musste paradoxerweise die Doppelmonarchie wesentlich größere Zahlen von Nutzpferden für die Armee importieren, vor allem aus den östlich angrenzenden Ländern. Diese Importe waren unter anderem deshalb notwendig, weil die von den Assentkomissionen hierzulande bezahlten Preise von rund 650 Kronen pro Pferd einfach nicht kostendeckend waren und die heimischen Züchter es daher vorzogen, ihre Produkte privat – und daher lukrativer – loszuschlagen.

Die Noriker

Die Norische oder Pinzgauer Rasse erhielt ihren Namen von der alten römischen Provinz Noricum, die einen Teil der österreichischen Alpenländer umfasste. In den Bergregionen mag ein schwerer Typ des römischen Trag- und Zugpferdes gezüchtet worden sein, der unter günstigen Bedingungen schon im zweiten Jahrhundert n. Chr. zu einem beachtlichen Kaliber gefunden hatte. Zu Zeiten Karls des Großen (747–814 n. Chr.) war seine Existenz bereits eine historisch belegte Tatsache. Während des Mittelalters wurde der Typ des kräftigen, mittelgroßen Arbeitspferdes besonders im Salzburgischen bewahrt und ausgeformt, wobei die Erzbischöfe von Salzburg eine große

Rolle spielten, indem sie sich mit einer geradezu weltlichen Begeisterung der Pferdezucht widmeten.

Besonders Erzbischof Johann Jakob von Kuen dürfte mit der Gründung der Gestüte von Rief, Nonnthal und Wörth um das Jahr 1576 einen deutlichen Akzent gesetzt haben, denn bis dahin war die Zucht eine Angelegenheit der Bergbauern gewesen. Nun aber, unter fürstlicher Patronanz, erhielt sie neuen Schwung. Dieser kam erst unter den Erzbischöfen Paris Graf Lodron (1612–1653) und Guidobald Graf Thun (1654–1668) zu vollster Entfaltung, denn diese entsandten nun Hengste mitsamt geschulten Pflegern ins Land und stellten somit die verbesserte Zucht auf eine breite Basis. Vermutlich waren die meisten Hengste spanisch-neapolitanischer Herkunft und brachten neben Größe und Eleganz auch attraktive Farben in die Landespferdezucht ein. Die Tiger und die seltenen Mohrenköpfe in der Norischen Rasse gehen wohl darauf zurück.

Erzbischof Johann Ernst Graf Thun (1687–1709) bestimmte um das Jahr 1688, dass nur mehr Hengste der nunmehr veredelten Norischen Rasse in der Landeszucht eingesetzt werden sollten, und keine Spanier mehr. Thun war einer der ersten Vorkämpfer einer Rassenverbesserung aus sich heraus und überhaupt ein Visionär in züchterischen Belangen. Unter Erzbischof Hieronymus Colloredo-Wallsee (1772–1803) wurde verfügt, dass keine Hofbeschäler mehr auf Deckstation gehen sollten, denn man hatte diverse Probleme mit den bäuerlichen Züchtern und wollte sich nun auf

Ein typvoller Norikerhengst in der seltenen Farbe „Mohrenkopf", die auf italienische Ahnen zurückgeht.

Die attraktiven „Tiger“ unter den Norikern gehen auf spanische Pferde zurück – sie waren in der Barockzeit sehr begehrt.

die Verbesserung des Bestandes der Hofgestüte konzentrieren. Dazu kamen erneut Importhengste aus der Polesina und Neapel, sowie ausgesuchte Spitzenhengste aus dem Pinzgau.

1885 kam es zu einer Neufassung der uralten Körverordnung, die nun auch auf einer völligen Reinzucht bestand. Englische und belgische Hengste hatten bereits nachteilige Spuren in der Zucht hinterlassen, doch damit war nun in Salzburg wieder Schluß. In einigen Gebieten der Steiermark und Kärntens kam es noch lange Zeit zu Kreuzungen mit englischen und belgischen Hengsten, die allerdings auf genau abgezirkelte Zuchtinseln beschränkt blieben und geographisch abgegrenzte Lokalschläge hervorbrachten, etwa den Sannthaler und den Luttenberger.

Die Rasse ist in ganz Österreich noch immer verbreitet, was teilweise auf den Bedarf Italiens an Pferdefleisch zurückzuführen ist. Robustheit und Leichtfuttrigkeit sowie die seltenen Farben Tiger, Mohrenkopf und Schecke – neben den Grundfarben Brauner, Rappe und Fuchs – machen die Rasse zu beliebten Freizeitpferden.

Die Altkladruber Pferde

Der Altkladruber war ein Galakarossier für den ausschließlichen Gebrauch des Herrscherhofes. Nach spanischem Brauch wurden nur Hengste als Staatskarossiers verwendet. Weil jeder Herrscher sich seinen Untertanen bei

Ausfahrten möglichst lange und eindrucksvoll zeigen wollte, war der hohe, kadenzierte Schritt des Altkladrubers willkommen. Es wurde übrigens stets im Schritt gefahren, damit die Herolde und Pagen neben den einzelnen Hengsten mithalten konnten. Das majestätische Exterieur der Atlasschimmel und Glanzrappen mit dem üppigen Langhaar und den noblen Gesichtern passte gut zum Hofzeremoniell.

Die Entwicklungsperiode der Rasse dauert nun schon über 400 Jahre, denn damals kamen die ersten altspanischen Pferde nach Österreich und wurden später zusammen mit Kamelen im Wildgehege von Kladrub gehalten. Das „wilde Gestüt" Kladrub wurde um 1562 von Maximilian II. gegründet, mit Pferden aus Spanien, die er selbst von dort mitgebracht hatte. Ebenso wie Lipizza hatte Kladrub die Aufgabe, edle Pferde für den Hof zu liefern. Zuchtmaterial wurde nach Bedarf zwischen den Hofgestüten ausgetauscht, sodass man von einer jahrhundertealten Verwandtschaft der Blutströme sprechen kann. Zahlreiche Hengste wirkten in mehreren Gestüten und hinterließen dort ihr genetisches Erbe, das sich zum Teil nur mehr in den Stutenfamilien findet. Die beiden Farbschläge des Altkladrubers, Schimmel und Rappen, werden im Hengstenstamm auf einige wenige Gründerhengste zurückgeführt. Bei den Schimmeln war dies interessanterweise ein Rappe namens Pepoli, 1764 geboren. Er vererbte seine Qualitäten durchschlagend und

Altkladruber Pferde aus dem böhmischen Hofgestüt waren und sind mächtige, doch elegante Karossiers, stets Rappen oder Schimmel.

prägte die gesamte heutige Kladruber Rasse. Sein Sohn Imperatore zeugte mit der Rappstute Mosca den strahlend weißen General, Stammvater der Schimmelstämme. Über dessen drei berühmte Söhne Generale, Generale II und Generalissimus leben sie bis heute fort. Im Rappenstamm traten zwei gleichnamige Hengste auf, beide hießen Sacramoso, beide waren Rappen und beide stammten aus erzbischöflichen Zuchten, einer aus Olmütz, der andere aus Salzburg. 1855 kaufte man in Rom noch einen Rappen namens Napoleone, der über sechs Generationen eine Linie aufrechterhielt.

Bis zum Jahre 1918 blieb die Donaumonarchie diesen Pferden treu. Der Wiener Hofmarstall hielt je zwei Achterzüge Schimmel und Rappen, mit einer Reserve von etlichen Pferden. Der Niedergang der Schimmelzucht begann sofort nach dem Zerfall der Monarchie. In Kladrub blieben damals nur je 16 Stuten und zwei Beschäler beider Farbschläge übrig. Ein Attentäter, der sich als Feind aller österreichischen Überbleibsel bezeichnete, vergiftete beide Schimmelhengste, was die züchterische Erhaltung sehr erschwerte.

Die Pferde werden nach altösterreichischer Gestütstradition im Nationalgestüt Kladrub östlich Prags gezogen und leistungsgeprüft. Der Kladruber ist ein imposantes Pferd von bedeutender Größe, die heute um 165-180 cm Stockmaß liegt. Der große Ramskopf verrät in seinem noblen Gesicht deutlich die iberische Herkunft. Der freundliche, gelassene Ausdruck und die hohe Intelligenz sind rassetypisch. Die majestätischen Bewegungen mit ausgeprägter Knieaktion und viel Tendenz nach „oben“ verraten das barocke Paradepferd. Besonders den Rappen, die bevorzugt vom Klerus und

Das Gestüt Kladrub ist eine elegante Anlage von großzügigen Ausmaßen und antiquiertem Charme.

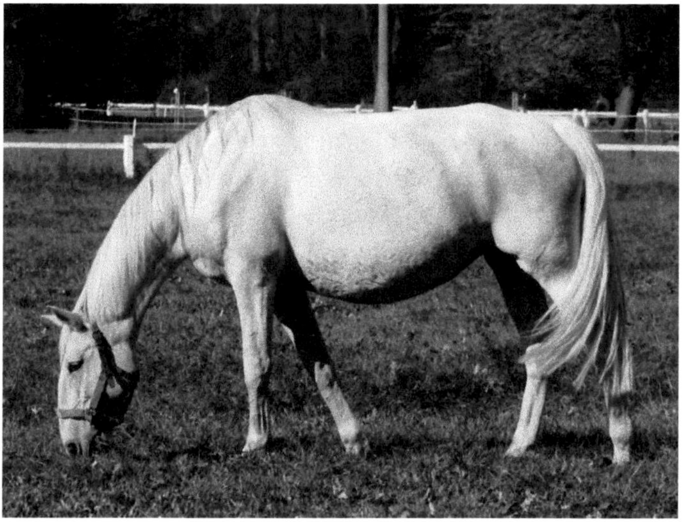

Die Kladruber Stuten weiden friedlich auf den schattigen Auwiesen entlang des Flusses Elbe.

für kirchliche Anlässe verwendet wurden, sagte man eine extrem langsame, erhabene Bewegungsmanier nach. Die heutige Verwendung der Kladruber besteht vornehmlich im Fahrsport, für den sie sich bestens eignen.

Die Lipizzaner

Hof, Adel und Militär schätzten an den spanisch geprägten Lipizzanern die Ausdauer und Gesundheit, aber auch die Noblesse und die stolzen Bewegungen. Aus den harten, schnellen Karstpferden, die schon im Imperium Romanum berühmt waren, und den edlen Genetten aus Spanien züchtete man erstklassige Pferde barocken Typs. Immer wieder griff man auf iberische Pferde oder deren Abkömmlinge zurück, um den Charakter der Rasse zu erhalten und ihre Noblesse und Rittigkeit womöglich noch zu steigern. Da kam 1701 der Hengst Cordova aus Spanien; 1717 der Schimmel Lipp aus dem Fürstlich Lippe-Bückeburgschen Gestüt in Deutschland; Montedoro und Toscanello vererbten ihre herrliche Farbe; sie und zahlreiche andere durften nach strenger Auswahl die Stuten beglücken, doch nur wenigen Hengsten war es im Laufe der Jahrzehnte vergönnt, bleibende Linien oder Stämme zu begründen. Die Schaffung der heute noch verwendeten klassischen Hengstlinien erfolgte durch die Einkreuzung von sechs Vatertieren, welche sämtlich zwischen 1765 und 1819 geboren worden waren. Man kennt sie auf der ganzen Welt, die dänischen Plutos, die italienischen

Lipizzaner Pferde waren und sind beliebte Wagenpferde; auch Kaiser Franz Josef war ein Freund und Förderer der Rasse.

Conversanos und Neapolitanos, die böhmischen Maestosos, die Kladruber Favorys und die arabischen Siglavys. Weniger bekannt sind ihre zwei „bürgerlichen Vettern“ aus Kroatien und Ungarn, die Tulipans und Incitatos, die nicht zu den klassischen Stämmen zählen.

In der zweiten Hälfte des 19. Jahrhunderts wurde nach dem Erfolg der 1826 nach Lipizza überstellten Araberhengste Siglavy, Tadmor und Gazlan nun auch ein orientalisierter Schlag des Lipizzaner Pferdes, der sogenannte gemischte Karster, gezogen. Zwar konnte nur Siglavy einen dauerhaften

Eine der ältesten Ansichten des Hofgestüts Lipica am Karst, im Triester Hinterland auf felsigem Boden angelegt.

Der Lipizzaner Rasse ist von jeher besondere Eleganz und Schönheit eigen.

Stamm begründen (zählt heute zu den klassischen), und mit der Zeit erhielt die gesamte Population einen dosierten arabischen Blutanteil.

Die zur Zucht vorgesehenen Hengste wurden in Lipizza dreijährig in die Ausbildung genommen und bis zum vierten Lebensjahr angeritten. Dann überstellte man sie nach Wien an die Hofreitschule zur weiteren Ausbildung und Leistungsprüfung. Die zuchtuntauglichen Hengste wurden kastriert und noch ein Jahr geweidet, kamen dann aber nach Kladrub zur Gespannausbildung für den späteren Hofdienst, ebenso jene Stuten, die man nicht züchterisch benötigte.

Auch in der Landespferdezucht wurden Lipizzaner eingesetzt, die sich als hervorragende leichte Wirtschaftspferde in der gesamten östlichen Reichshälfte bestens bewährten – und es in Rumänien, Kroatien und Ungarn auch noch heute tun. Der Kaiser liebte seine Lipizzaner und verfügte, dass seine persönlichen Gespanne überwiegend mit ihnen zusammengestellt werden sollten.

Das Zuchtziel ist seit über 400 Jahren klar vorgegeben und lautet, Hengste für die Spanische Reitschule zu ziehen, die allen Anforderungen der klassischen Reitkunst entsprechen und auch als noble Gespannpferde verwendet werden können. Von allen Zuchtländern hat Österreich am engsten an dieser Vorgabe festgehalten, da uns doch in der Spanischen Reitschule die ideale Hengstleistungsprüfungsanstalt zur Verfügung steht.

Die Rasse ist ideal geeignet für die klassische Reitkunst, die Dressur, den Fahrsport und auch das gehobene Freizeitreiten. Hervorzuheben sind die

Der ausdrucksvolle Kopf eines Hengstes im slowakischen Gestüt Topolcianky verrät Intelligenz und Charakter.

Spätreife und die Genügsamkeit. Bei einem Minimum an Futter weist der Lipizzaner beste körperliche Kondition auf, er ist ausgesprochen leichtfuttrig. Die Idealgröße liegt bei 158 cm Stockmaß. Schimmel überwiegen, Braune und Rappen sind selten.

Die Österreichischen Kulturaraber (heute: Shagya-Araber)

Im späten 18. und frühen 19. Jhdt. setzte in den Gestütsleitungen und Remontierungsstellen sämtlicher europäischer Armeen ein großes Interesse an arabischen Pferde ein, nicht zuletzt durch die Vorliebe Napoleons und seiner Offiziere für die handlichen Orientalen. Es waren glückliche Umstände und ein gewisser züchterischer Instinkt, welche gerade das Habsburger-Reich zur Wiege der wohl gelungensten Ausformung dieses Zieles werden ließ, nämlich der Rasse der späteren Shagya-Araber.

Dieser alten Rasse war es vergönnt, nach einem Dornröschenschlaf wieder erweckt zu werden. Zwar ist die Bezeichnung Shagya neueren Datums und etwas irreführend, doch das damit gemeinte Pferd ist und bleibt eine hippologische Kostbarkeit. Die Rassebezeichnung wurde erst um 1978 von dem deutschen Experten Dr. Gramatzki geprägt, in Abstimmung mit dem Gestüt Bábolna. Man war in Bábolna und Radautz von einer militä-risch definierten Zielsetzung ausgegangen, verfügte über eine geeignete Stutenbasis und bewies eine glückliche Hand beim Hengsteinkauf. Dazu kam die

Im 17. und 18. Jahrhundert war ganz Europa vom bunten Orient und den edlen arabischen Pferden fasziniert.

dauernde Leistungsprüfung sowohl in den Gestüten als auch im täglichen Militär-, Polizei- und Privateinsatz, also auf breitester Ebene.

Der altösterreich-ungarische Kulturaraber war zu seiner Glanzzeit die gelungenste Symbiose arabischen Adels mit europäischem Kaliber. Die Rasse besteht im kleinen Rahmen in der Republik Österreich weiter, der Zuchtschwerpunkt liegt jedoch in den östlichen Nachbarländern, besonders in Ungarn und der Slowakei. Man schätzt seine dem modernen Anforderungsprofil sehr gut entsprechenden Reiteigenschaften, seine Härte und

Die Shagya-Rasse wurde früher Arabisches Halbblut genannt. Sie geht auf den gleichnamigen Hengst aus Syrien zurück.

Der begnadete Pferdemaler Ludwig Koch malte einen Shagya mit Czikos in Ungarn.

Schönheit. Heute wie damals besticht er durch Ausdauer, Robustheit und das freundliche, leistungsbereite Wesen, was die Shagyas zu idealen Freizeit-, Fahr- und Distanzpferden für gehobene Ansprüche macht.

Die Bosnischen Pferde

Der sogenannte Bosniake ist ein typisches südosteuropäisches Landpferd. Klein, drahtig und mit unglaublicher Widerstandskraft gesegnet, arbeitet er unermüdlich unter den härtesten Bedingungen. Dies ist nicht verwunderlich, denn seine Ahnen waren der Tarpan, das europäische Wildpferd, und das orientalische Pferd, beide Garanten für Ausdauer und Robustheit. In den karstigen Bergregionen und den dichten Wäldern Zentraljugslawiens gab es seit jeher nützliche Pferde, die in idealer Weise den Bedürfnissen der Kleinbauern angepaßt waren. Sie trugen als Säumer große Lasten, ließen sich gut reiten und halfen unermüdlich bei der Feldbestellung.

Die österreichische Verwaltung war bemüht, die Rasse zu verbessern. In Mostar, Nevesinje und Konjic errichtete man drei wichtige Hengstdepots, zu denen 1884 ein weiteres in Sarajevo hinzukam. Von diesen gingen die Hengste hinaus ins Land auf Station; im Jahre 1900 waren es an die 100 Pferde auf rund 45 Deckstationen. Allerdings hielten die konservativen Bauern vielfach am traditionellen Zuchtverfahren fest, indem sie junge Weidehengste halbwild in der Herde decken ließen und sie nach einer Saison kastrierten. Den züchterischen Durchbruch erreichte man erst 1912 mit der

Einführung einer modernen Körverordnung, die einen langsamen, aber stetigen Aufschwung brachte.

Die bosnischen Bergpferde waren auf den Feldern der Kleinbauern ebenso zu finden wie auf schmalen Saumpfaden im Gebirge, oft über 2.000 m hoch gelegen. Viele verdingten sich als Karawanen- und Postpferde von der adriatischen Küste bis hinunter nach Istanbul. Im Gegesatz zum Huzulen, der von jeher in relativ kleinem Bestand vorkam, war der Bosniake ein weit verbreitetes Gebrauchspferd. Nach dem Zweiten Weltkrieg gelangten etliche Exemplare in das Ausland, wo bald kleine Nachzuchten entstanden. So verfügen einige Länder heute über Genreserven, die möglicherweise den Fortbestand der Rasse sichern werden, denn ihr Schicksal in der Heimat ist ungewiss. Bis zum Beginn der Kriegshandlungen 1990/91 in Jugoslawien erfolgte eine umfangreiche und relativ planvolle Zucht, die nach Schätzungen von Experten rund 400.000 Pferde umfasste. Wieviele davon den scheußlichen Balkan-Krieg überlebten, ist nicht eruierbar – vermutlich wenige.

Auf diesen alten Fotos sieht man einen Bosniaken und Huzulen bei der Arbeit.

Der typische Bosniake ist ein gedrungenes Bergpony von rund 130 bis 145 cm Stockmaß. Hervorragend bewährt er sich auf Gelände- und Wanderritten sowie vor der Kutsche. Hier kommt sein guter Instinkt, seine Ausdauer und Robustheit zur besten Geltung.

Die Haflinger

Obwohl der Haflinger zu den bekanntesten und auch verbreitetsten Kleinpferderassen zählt, ist über seine Entstehung nur wenig bekannt. Die Wurzel der Rasse mag wohl in einem robusten, primitiven Bergpferd gelegen haben, das neben dem Haflinger auch den Noriker und das Schweizer Jurapferd zu seinen Nachkommen zählen könnte. Es steht fest, dass bereits zur Zeit der Kreuzzüge die Adelsgeschlechter Tirols Pferdezucht betrieben und bei der Rückkehr aus dem Heiligen Land nach Möglichkeit auch orientalische Pferde mitnahmen. Das Etschtal, welches an der heutigen österreichischen Grenze beim Reschen beginnt und, über Meran und Bozen führend, unterhalb Venedigs in den Golf von Venedig mündet, war die Heimat zahlreicher Adelshäuser, unter denen die Fragsburger und Greifensteiner als traditionelle Pferdezüchter galten. In einem Dokument über die Bestätigung alter Rechte vom Neunten Hornung von 1282 wird die Pferdezucht im Etschtal bereits erwähnt.

Die Zuchtgeschichte des Haflingers trat 1874 in eine neue Phase ein. In diesem Jahr wurde der Hengst 249 Folie geboren, der sich als bedeutendster Linienbegründer erweisen sollte. Als erster eingetragener Hengst dieses Zuchtgebietes wurde er zum Stammvater der Rasse und brachte erneut orientalisches Blut über seinen Vater 133 El Bedavi XXII in die Zucht.

Solche Szenen gab es zu Beginn der Haflingerzucht in Tirol wohl sehr oft zu sehen.

Dieser Beschäler im sächsischen Gestüt Moritzburg hat ein aufgewecktes Gesicht und eine herrliche Mähne.

Um 1899 begann die gezielte finanzielle Förderung erstklassigen Zuchtmaterials, bald darauf wurden auch gute Beschäler vom Staat aufgestellt. Ab diesem Jahr führte die Rasse offiziell den Namen „Haflinger", zuvor bezeichnete man sie als orientalisches Halbblut. Durch die umfangreichen Förderungsmaßnahmen des Ackerbauministeriums und die 1904 erfolgte Gründung der ersten Haflinger-Zuchtgenossenschaft in Mölten wurde die Rasse weiterhin verbessert und begann, sich weit über die Grenzen Südtirols hinaus zu verbreiten. Vor allem in Nordtirol konnte sie Fuß fassen, da man dort ständig gutes Material zukaufte.

Mit dem Ausbruch des Ersten Weltkrieges erlitt die Zucht einen Rückschlag, welcher durch die Friedensverträge von St. Germain verstärkt wurde – Südtirol fiel an Italien. Nur durch das Engagement der nunmehr Nordtiroler Züchter konnte der Niedergang der Zucht in Österreich aufgefangen werden. Die Nordtiroler Bestände waren während der Ersten Republik die Basis für den erneuten Aufschwung der Haflingerzucht, zusammen mit den bei Kriegsende in Stadl befindlichen Staatshengsten. Südtirol, nunmehr zu Italien gehörig, hatte weit mehr Stutenmaterial aufzuweisen, Österreich hingegen besaß die besseren Hengste. Hermann Haueis aus Zams machte sich als Importeur, Züchter und Förderer der Rasse verdient, auf sein Betreiben wurde auch 1921 die Erste Nordtiroler Pferdezucht-Genossenschaft gegründet. Bereits 1922 konnte unter großem Zulauf die erste Zuchtschau abgehalten werden, 1926 wurde das Zuchtbuch angelegt. Heute gibt es Haflingerbestände in rund 40 Ländern der Erde; besonders im deutschsprachigen Raum erfreut sich die Rasse großer Beliebtheit.

Der fuchsfarbige Haflinger kann als besonders vielseitig bezeichnet werden. Er ist ein kräftiges, stabiles Kleinpferd, das neben guter Substanz auch einen rassetypischen Charme und ein attraktives Exterieur aufweist.

Die Huzulen

Von Experten wird dieses sehr ursprüngliche Bergpferd als direkter Nachkomme des Tarpans, des europäischen Wildpferdes, bezeichnet. Der seltsame Name mag sich als eine Verballhornung des Namens Guzen erklären, der Bezeichnung für einen kosakischen Stamm. Nach vielen Jahrhunderten der wechselnden Besiedelung, Eroberung und Durchwanderung des Raumes östlich der Karpaten gelangten letztlich kaukasische Kosaken hierher, die sich – hart von feindlichen Volksgruppen bedrängt – in die Berge zurückzogen. Sie brachten Pferde von zuhause mit, hatten andere in den Steppen erbeutet oder getauscht oder fingen sich Wildlinge aus den freilebenden Beständen. Ausführliches Quellenmaterial über die frühe Geschichte der Rasse ist rar, denn schriftliche Aufzeichnungen zum Thema existieren nicht, ebensowenig verläßliche Überlieferungen.

1774 wurde die Bukowina an die Monarchie angegliedert, und noch einige Jahrzehnte lang blieb die Huzulenzucht dort und in den angrenzenden galizischen Waldkarpaten völlig unbeeinflusst. Die Errichtung des Gestütes

Huzulen sind intelligente und genügsame Bergpferde – wie dieser Hengst im mährischen Gestüt Tlumacov.

Der Hauptbeschäler im slowakischen Topolcianky bei der jährlichen Musterung.

Radautz 1792 änderte vorläufig nichts an der halbwilden Weidezucht im Hinterland, wenn man auch in Radautz gelegentlich mit Huzulen und den ihnen verwandten Koniks aus der Ebene zu Dienstzwecken züchtete. Über die frühe Entwicklung ist wenig bekannt, jedenfalls wurde aufgrund diverser Personalprobleme das Wildgestüt 1872 vollständig aufgelöst und der Bestand im Land verkauft. Der Bedarf der Gebirgstruppen an Saumpferden stieg jedoch ständig weiter an, und schon 1877 wurde die Zucht wieder aufgenommen, auch diesmal mit gutem Material aus der Gegend, das von zwei örtlichen Pferdekennern, Revenczuk und Malinowsky, eigens angekauft wurde. 1911 erfolgte die Umstellung vom sog. Huzulen- auf das nunmehrige Tragtiergestüt, denn fortan wurden auch von der Truppe abgestellte Stuten gemischter Abstammung zur Zucht verwendet. Nach dem Ersten Weltkrieg stand die Zuchtherde in niederösterreichischen Gestüt Waldhof, von wo auf Betreiben des Direktors Johann Larionescu einige wieder in ihre alte Heimat zurückkehrten. Heute findet man relativ kleine Huzulenbestände in Ungarn, Polen, Tschechien, der Slowakei und Rumänien; auch Österreich besitzt einige Exemplare.

Der Huzule im Originaltyp ist ein Tier von etwa 130–145 cm Stockmaß. Dunkle Braunschattierungen, Rappen und alle Varianten von Falb, mit oder ohne Wildabzeichen, herrschen vor, Abzeichen sind selten. Füchse, Schimmel und Schecken kamen und kommen vor, sind jedoch Hinweise auf Fremdblut.

II. Die Gestüte der Donaumonarchie

Die großen Staatsgestüte und Hengstdepots der Doppelmonarchie lagen weithin verstreut.

Pferdezucht ist eine Sache von Generationen, und eine Grundvoraussetzung für den Erfolg ist Geduld. Die Gestüte waren die Bewahrer der Kontinuität, auf ihren Weiden und in den Abfohlquartieren kamen unzählige Generationen von Pferden zur Welt, wurden sorgsam großgezogen und penibel auf ihre Aufgaben vorbereitet. Doch waren die Gestüte auch Erneuerer; weitblickende Gestütsleiter schufen aus dem vorhandenen Material neue Rassen oder Linien, paarten sorgsam Gutes mit Gutem und strebten nach dem Besten.

Seit dem Beginn der Neuzeit erfuhr die planmäßige Zucht von edlen Pferden einen ungeheuren Aufschwung, und Österreich tat sich hervor. Maximilian II. requirierte Mönchhof für seinen Bedarf. Erzherzog Karl von Innerösterreich gründete das weltberühmte Lipizza, um Parade- und Kriegsrosse für den Hof zu erhalten. Kladrub in Böhmen, eine Stiftung Kaiser Rudolfs II., besaß im 18. Jahrhundert über 1.000 Pferde und bewahrte die einmaligen neapolitanischen Karossiers für die Nachwelt. Ein berühmtes Privatge-

Das ungarische Bábolna – 1789 gegründet – ist mit seinen herrlichen Shagya-Arabern bis heute international erfolgreich.

stüt der Zeit war das des Prinzen Adam Franz Schwarzenberg in Murau, der zweimal das prestigereiche Amt des Obersten Kaiserlichen Gestütsdirektors versah. In der Steiermark widmete er sich der Zucht von getigerten Pferden höchster Qualität.

Viele Herrscher der Doppelmonarchie prägten die Pferdezucht, nahmen aktiv und voller Interesse und Sachverstand Anteil an dem, was ein wichtiger Baustein ihres Erfolges war. Von Maximilian bis zu Franz Josef war das Haus Habsburg, und aufgrund seiner Vorbildwirkung natürlich auch der Hoch- und Landadel, vom Pferd begeistert oder zumindest aus militärischen Erwägungen an ihm interessiert.

In der Landespferdezucht und auch in den im späten 18. und 19. Jahrhundert entstandenen Staats- oder Militärgestüten wurde vorerst noch sehr laienhaft experimentiert, denn man kannte die moderne Vererbungslehre noch nicht. Kaiser Josef II. führte die im Ansatz richtigen Dekrete seiner Mutter Maria Theresia fort und ließ die beiden wichtigen Zuchtstätten Mezöhegyes und Bábolna einrichten. Die Hippologie steckte noch in den Kinderschuhen, was daraus ersichtlich wird, dass man beispielsweise noch nicht nach Typ oder Abstammung, sondern nach Farbe oder Größe züchtete.

Praktische Erfahrungen und die Vorboten der wissenschaftlichen Tierzucht führten erst im 19. Jahrundert zu einem zögerlichen Umdenken, dazu kam noch die aufkeimende Begeisterung für orientalische und englische Edelpferde, deren Leistungsfähigkeit bewundert wurde. Vor allem in der östlichen Reichshälfte boten sich geeignete klimatische und geologische Voraussetzungen für die Produktion von Pferden in großem Umfange. Das

Nonius-Pferde sind von jeher an das heiße Klima der Puszta gut angepasst.

Pferd ist ein Produkt seiner Scholle, weshalb die bergigen Regionen eher für kleine bis mittelgroße, wendige und extrem harte Tiere geeignet waren, etwa die Huzulen oder Lipizzaner. Im Bergland kann man jedoch keine sehr schnellen Pferde ziehen, im Gegensatz zur weiten Ebene. Die trockene Pußta brachte gute Halbblüter orientalischer und englischer Herkunft hervor, auch der Araber fühlte sich hier stets am wohlsten. Das edle, schnelle Pferd mit raumgreifendem Gangwerk ist ein Kind der weiten Ebenen. Die fruchtbaren, feuchten Niederungen ließen schwere, eher lymphatische Typen entstehen, wie etwa die Kladruber. Kräftig und gelassen, konnten sie ihre Körpermasse auf den üppigen Weiden entwickeln.

Mezöhegyes und Bábolna in Ungarn wurden auf Anraten des Rittmeisters Csekonics von Kaiser Josef II. errichtet und versorgten nach anfänglichen Problemen das Militär mit hervorragenden Remonten. Radautz in der Bukowina schließlich sollte das größte aller Gestüte der Monarchie werden. Kladrub und Lipizza versorgten den Hof mit Paradepferden bester Klasse, während Piber mit ständig wechselndem Erfolg züchtete. Später kamen noch etliche andere Gestüte hinzu, vornehmlich in der ungarischen Reichshälfte, und auch die private Pferdezucht geriet immer besser.

Der ungeheure Bedarf an Armeepferden erforderte die Gründung von Zuchtstätten, in denen quantitativ und qualitativ entsprechendes Material für die Landespferdezucht herangezogen werden konnte. Die staatlichen Gestüte hatten seit den Reformen des späten 18. Jhdts. die Aufgabe, besonders qualitätvolle Pferde, und da wiederum vor allem Beschäler, für die

Deckstationen zu stellen und überschüssiges Stutenmaterial in die Landeszucht abzugeben. Vor dem Ausbau der Gestüte und der Anhebung der Landeszucht hatte man durch gewaltige und mühsame Ankaufsaktionen zahlreiche Pferde aus der Moldau, Bessarabien, Galizien, der Ukraine und dem Kaukasus importiert und zu eigenen Sammelplätzen gebracht, wo sie ausgebildet und an die Truppen weitergegeben wurden. Das sollte sich nun ändern, vor allem durch die Bereitstellung von guten Hengsten, welche durch ihre Nachkommen in der Landeszucht für leicht verfügbaren Pferdenachwuchs, sogenannte Remonten, sorgen sollten.

Für die Landwirtschaft ergab sich aus der Zucht und dem Verkauf von Remonten ein wichtiger Nebenerwerb, wenn auch die festgesetzten Preise notorisch gering waren. Es wurde notwendig, von „oben" dafür zu sorgen, dass den ungeschulten bäuerlichen Privatzüchtern gute Hengste – und auch Stuten – zur Verfügung standen, deren Nachzucht dann mit großer Wahrscheinlichkeit für den Armeedienst tauglich war.

Die staatlichen Gestüte und Hengstdepots befanden sich mit lebendem und totem Inventar im Eigentum der jeweiligen Ackerbauministerien Österreichs und (nach 1869) Ungarns. Das gesamte mit Pferden befasste Personal hingegen, die sogenannte Gestütsbranche, gehörte zum Militär und war eine eigenen Waffengattung.

Der theoretische Teil der Gestütsarbeit, also die Anpaarungspläne, Verkäufe, Importe und Hengstverteilung etc., wurde durch ein Organ des Ackerbauministeriums erledigt. Die praktische Arbeit, etwa die Pflege, Ausbildung

Alle Halbblutrassen waren in erster Linie als Kavallerie-Remonten gedacht. Es gab für jeden Zweck passende Pferde …

Die heutigen Traditionsregimenter verwenden für ihre Schaubilder gerne die alten, seltenen Rassen.

und Fütterung etc., oblag der Gestütsbranche, die quasi für das Ackerbauministerium arbeitete; heute würde man von Leasing-Personal sprechen.

In Österreich stand an der Spitze der Pferdezucht ein Sektionschef des k. k. Ackerbauministeriums, dem ein Fachreferent unterstand. Dieser war für die Inspektion der Anlagen, die Zuchtplanung, den Pferdekauf und Hengstimport etc. zuständig. In aller Regel war dieser Referent auch der Inspektor der Militärabteilungen der Pferdezuchtanstalten in Personalunion und somit ein hochrangiger Offizier.

Über den beiden Gestütsbranchen, die ab 1909 zur Landwehr, bzw. zur Honvéd gehörten, stand seit 1867 jeweils ein Inspektor im Generalsrang, welcher den militärischen Dienst überwachte. In den jeweiligen Anstalten gab es einen Kommandanten der Gestütsbranche, der den täglichen Dienst im Gestütsbereich überwachte. In beiden Reichshälften gab es ferner noch einen landwirtschaftlichen Betriebsleiter, der wiederum ein Beamter des Ackerbauministeriums war. Ihm oblagen die Futterbeschaffung,

Mit Stolz wird bis heute die große reiterliche Tradition gepflegt.

die Arbeitspferde, das Vieh, die landwirtschaftliche Produktion, die Zäune und Saatgut etc. In der österreichischen Reichshälfte waren beide Funktionen – also Gestütsleiter und landwirtschaftlicher Betriebsleiter – in Personalunion dem Gestütskommandanten übertragen.

Anders in der ungarischen Reichshälfte. Die Gestüte wurden nicht in ihrer Gesamtheit vom Kommandanten der Militärabteilung als alleinigem Direktor geführt. Vielmehr ergab sich eine Kompetenzteilung zwischen Wirtschaftsleitung und Gestütskommando, und somit konnte es zu einem Interessenkonflikt zwischen ziviler Verwaltung und militärischer Leitung kommen. In der Praxis ergaben sich jedoch Vorteile durch den Aufschwung der Ökonomiebereiche, welche nun zu modernen Landwirtschaftsbetrieben entwickelt werden konnten und somit ihrerseits eine gute Grundlage für die Pferdezucht darstellten.

Die Gestüte Österreich-Ungarns in alphabetischer Reihenfolge:

Bábolna (gegr. 1789)
Fogaras (1874)
Halbthurn-Mönchhof (1540)
Kisbér (1853)
Kladrub an der Elbe (1552)
Koptschan (1744)
Lipizza (1580)
Mezöhegyes (1784)
Piber (1790)
Radautz (1774)
Stadl-Paura/Hengstdepot (1826)

Neugierige Junghengste auf einem Aufzuchthof inmitten der Hortobagy-Puszta.

III. Die Spanische Reitschule in Wien

Der slowakische Lipizzaner zeigt die erhabenen, energischen Gänge seiner spanischen Vorfahren.

1529 wurde die Parkanlage der Wiener Burg (Wohn- und Regierungssitz der Habsburger) während der ersten Türkenbelagerung verwüstet, und im Zuge der Neuanlage richtete man einen Turnierplatz ein, der sich zu einem Reitplatz entwickelte. Damals muß man am Hof den Wunsch verspürt haben, vor allem die reiterliche Erziehung, das ritterliche Denken und Benehmen der jungen männlichen Adeligen und Söhne der oberen Zehntausend zu fördern. Etwa um 1640 wird dann aus der offenen Reitbahn ein gemauertes Reithaus geworden sein. Auf Befehl Kaiser Leopolds I. errichtete der Hofbaumeister Johann Philipp Quenzer

Die Leistungsprüfung der Lipizzaner erfolgt von jeher in der Hofreitschule zu Wien.

im Jahre 1681 einen mehrgeschossigen Neubau, der aber wegen der 1683 einsetzenden zweiten Türkenbelagerung nicht fertiggestellt wurde. Dennoch – im Erdgeschoß waren die kaiserlichen Pferde längere Zeit aufgestallt.

Dann waren die stürmischen Zeiten der Türkenkriege und des Spanischen Erbfolgekrieges vorüber und Kaiser Karl VI. widmete sich energisch der barocken Selbstdarstellung. Er wollte endlich die leidigen Platzprobleme der kaiserlichen Bibliothek, der Reitschule und anderer Einrichtungen lösen, weshalb er den genialen Hofarchitekten Johann Bernhard Fischer von Erlach, der sich und dem Kaiser mit der berühmten Karlskirche ein bleibendes Denkmal gesetzt hatte, mit einem Neubau der Hofburg beauftragte. (Die Kirche ist übrigens dem Pestheiligen Karl Borromäus gewidmet; den Auftrag gab der gleichnamige Kaiser.)

Die barocke Reithalle liegt in den Gebäudekomplex der Wiener Hofburg eingebettet.

Die Stallungen stammen aus der Renaissance.

Nachdem Meister Fischer erste Pläne angefertigt hatte, verstarb er überraschend und sein nicht minder genialer Sohn, Josef Emanuel, führte letztlich den Auftrag zu Ende. Er setzte dem maximilianischen Renaissance-Palast der Stallburg – sie ist tatsächlich das Stallgebäude der Herren Lipizzaner – eine barocke Halle gegenüber, 17 Meter hoch, 55 Meter lang und 18 Meter breit (Innenmaße). 46 korinthische Säulen tragen die Galerie im Innenraum, der Saal wird von einer kunstvollen Kassettendecke abgeschlossen, die auf der gewaltigen Dachstuhlkonstruktion aufgehängt ist. An einer Schmalseite des Saales findet sich die Hofloge mit einem lebensgroßen Bildnis Karls VI. zu Pferd.

Der ursprüngliche Name der heutigen Spanischen Reitschule lautete Stadtreitschule. Die Bezeichnungen Spanische Reitschule oder Hofreitschule wurden nur selten verwendet. Daneben gab es im Gebäudekomplex der Hofstallungen in Mariahilf, außerhalb der Stadt, noch den Campagnereitstall, welcher 1918 aufgelöst wurde. Die beiden Institutionen dienten grundverschiedenen Zwecken: Die Stadtreitschule war der Ausbildung und Prüfung der Lipizzanerhengste und der Reitausbildung des Hochadels vorbehalten; der Campagnereitstall diente der Ausbildung der Reitpferde des Hofes, so zum Beispiel auch jenen von Kaiser Franz Josef und seiner Gemahlin Sisi. Die prächtige Reithalle maß 20 mal 80 Meter und diente hin und wieder als Bühne für equestrische Darbietungen. Sie wurde erst Mitte des 19. Jahrhunderts erbaut. Die eher seltenen Vorführungen reichten künstlerisch zwar nicht an jene der Stadtreitschule (Hofreitschule) heran, waren aber dennoch von großer Perfektion. In Schönbrunn gab es ebenfalls ein Reithaus und Stallungen, welche vor allem im Sommer verwendet wurden, wenn der Hof dort weilte.

In einem Hofareal von etwa 2.250 Quadratmetern, zwischen der Winterreitschule, dem Schweizerhof und den Redoutensälen gelegen, findet sich eine weitere Reitbahn, die als Sommerreitschule bezeichnet wird. Von einer hölzernen Bande umgeben, bietet die Reitfläche den Hengsten und Bereitern die Möglichkeit, bei Schönwetter auch im Freien zu trainieren. Die Sommerreitschule war, wie auch die Winterreitschule, während der Monarchie dem Publikum am Vormittag eingeschränkt zugänglich. Man konnte also dem Training beiwohnen und dabei auch die allerhöchsten Majestäten bestaunen, die manchmal hier ihre Dressurkünste verfeinerten.

Niemals konnte der eigentliche Lehrauftrag der Schule, das Verbreiten ihrer Kunst in einer breiteren Öffentlichkeit, wirklich erfüllt werden. Seit der Zeit Karls VI. blieb sie auf dessen Anordnung dem Hochadel und dem Hof vorbehalten, später wurden einige wenige ausgewählte Angehörige der Armee und des Adels zugelassen. Daran war lange nicht zu rütteln, man trug jedoch dem Lehrauftrag später insoferne Rechnung, als man die von 12 bis

Die helle, stille Reitbahn ziert ein Gemälde Kaiser Karl VI. zu Pferd.

15 Uhr dauernde, also nach der eigentlichen Morgenarbeit stattfindende, sogenannte Kavalierstunde einführte. Diese gab hohen Offizieren und Adeligen die Möglichkeit, ihre Privatpferde unter Anleitung der Bereiter in der Schule auszubilden. Gerne schickten auch ausländische Militärkommandos ihre besten Reiter zur Vervollkommnung nach Wien, um sie dann in der Heimat als Systemerneuerer zu verwenden.

Die Schulen über der Erde

Die Schulsprünge werden in Wien in den klassischen Formen gezeigt, wenn auch nicht mehr das ganze barocke Repertoire. Früher sah man neben der Levade, Courbette und Kapriole noch die Pesade, das Mezair, die Ballotade, die Croupade, die Französische Kapriole und wohl auch noch einige seltene Figuren mehr; aber heute konzentriert man sich auf die großen Drei:

Lipizzaner sind für die „Schulen über der Erde" berühmt. Die Courbette zählt zu den schwierigsten.

Die Levade ist ein Erheben des Pferdes mit der Vorhand, das dabei auf den extrem gebeugten Hanken balanciert. Gute Levadeure harren etliche Sekunden in dieser sehr kräfteraubenden Stellung aus. In den Tagen der Reiterkämpfe schirmte so das Pferd den Reiter mit seinem eigenen Körper gegen die Waffen der Feinde ab.

Die Courbette ist ein mehrmaliges Vorspringen auf den Hinterbeinen, in der Haltung

Die Levade ist ein Erheben des Pferdes mit der Vorhand, das dabei auf den extrem gebeugten Hanken balanciert.

einer hohen Levade, ohne dazwischen den Boden mit den Vorderhufen zu berühren. Das Kriegsross half so dem Reiter, aus einem Handgemenge zu entkommen.

Die Kapriole (der Ziegensprung; capra = Ziege) ist ein Hochspringen am Ort mit allen vier Beinen zugleich, und einem kräftigen Ausschlagen der Hinterhufe, dem sog. Streichen, vor der Landung. So erwehrte sich der Kavallerist einst der von hinten angreifenden Feinde.

Diese Sprünge oder – im Falle der Levade – Erhebungen sind quasi die Königsdisziplin der Hohen Schule, der Höhepunkt und Abschluss der Ausbildung eines Schulpferdes. Nur wenige Reitinstitute weltweit befassen sich mit der schwierigen und zeitraubenden Ausbildung in diesem Fach. Der Ursprung der Schulen über der Erde liegt in der Kriegsreiterei, in der man das Pferd gewissermaßen als Waffe einsetzte. Das kontrollierte und auf Befehl abrufbare Ausschlagen, Steigen oder Springen konnte dem Reiter im Kampfgetümmel das Leben retten. Später wurden die Sprünge aus Tradition und als Prüfstein weiterhin beibehalten.

IV. Von Ställen, Remisen und Reithallen

Der imposante Arkadenhof der Stallburg mitten im Herzen Wiens.

Die Stallburg

Das Wiener Zuhause der Lipizzaner ist die Stallburg, ein mächtiger Renaissancebau, der nur durch die schmale Reitschulgasse von der Winterreitschule getrennt wird. Um 1558 begann Kaiser Maximilian II. auf dem Areal neben der alten Burg mit einem Neubau, der bis etwa 1565 dauerte. Im selben Jahr erhielt Wien seine erste öffentliche Wasserleitung und zählte 1065 Häuser. In dem Komplex – nach Plänen des Spaniers Rodrigo Barragon – waren von Anfang an Stallungen für die spanischen Rösser Maximilians enthalten.

Im herrlichen Barocksaal des jüngeren Fischer von Erlach fand das Damenkarussell Maria Theresias statt.

Die edlen Andalusier sollten, wie auch bei anderen Familien des Hochadels, der Hofhaltung dienen. Zugleich mit der sogenannten Stallburg ließ Maximilian auch einen Tummelplatz (Reitplatz) anlegen, der sich entlang der inneren Stadtmauer vom Augustinerkloster bis zur Hofburg erstreckte und somit die Flächen des heutigen Josefsplatzes, der Nationalbibliothek und der Redoutensäle umfasste. Um 1672, bereits tief im Barock, bestand schon ungefähr an der Stelle der heutigen Nationalbibliothek ein erstes gemauertes Reithaus, von dem es schon um 1640 eine erste Skizze des Hofbauschreibers Frischenhauser gibt. Dieses bestand nur ca. 40 Jahre, denn um 1681 mag der Baubeginn des zweiten Reithauses gewesen sein, nach Plänen des Hofbaumeisters Johann Philipp Quenzer. Dieses dreistöckige Gebäude sollte ebenerdig die Reithalle und in den zwei Stöcken darüber die Hofbibliothek beherbergen. Der Dachstuhl wurde 1682 fertiggestellt, aber durch die zweite Türkenbelagerung Wiens wurde der Komplex beschädigt; 1685 konnte zwar der Reitbetrieb wieder aufgenommen werden, die Bibliothek wurde allerdings nicht eingerichtet.

Unter Karl VI. wurde der Gebäudekomplex renoviert und rationalisiert. Um 1722 erteilte Kaiser Karl dem Hofbaumeister Johann Bernhard Fischer von Erlach den Auftrag zur Neugestaltung der Hofburg – den dieser mit

Heute sind die Schulhengste in zeitgemäßen Boxen untergebracht.

der Planung der Hofbibliothek unter Einbeziehung des Reithauses von Quenzer begann. Den Gesamtplan zur neuen Hofburg schuf dann 1724 Lukas von Hildebrand, der im Jahr davor dem Fischer von Erlach als Hofbaumeister gefolgt war. Die heutige Winterreitschule (Reithalle) wurde vom Sohn Johann Bernhard Fischers, Josef Emanuel Fischer von Erlach, unter Einhaltung des Gesamtkonzeptes gebaut. Er hatte am französischen Hof studiert und kam dem Zeitgeschmack entgegen; so entstand der wunderbare Reitsaal in den Jahren 1729 bis 1735 auf persönlichen Auftrag des Kaisers …

Dann, im frühen 19. Jahrhundert, war unter Metternich die Zensurbehörde direkt über den Boxen der Lipizzaner tätig – wohl die einzigen prominenten Wiener, die nicht bespitzelt wurden. Die Boxen der Hengste sind geräumig und von stilvoller Ausführung. Die gußeisernen Eckpfosten werden von Messingknöpfen abgeschlossen, verzierte Plaketten geben die Identität jedes Hengstes an, selbst die Zaum- und Sattelhalter wirken schmückend. Die Decken sind mit prächtigem Stuck verziert, die Tröge aus kostbarem Marmor und steinerne Pferdehäupter wachen stumm über ihre Artgenossen aus Fleisch und Blut.

In den Sommermonaten Juli und August versinkt die Kaiserstadt Wien, wie die meisten Weltstädte, in eine Art Hitzestarre. Alles, was dazu imstande ist, flüchtet aufs Land oder geht auf Reisen. Im Wienerwald, gleich am Westrand der Stadt, erstreckt sich das ehemalige kaiserliche Jagdrevier des sogenannten Lainzer Tiergartens, heute ein öffentlich zugänglicher Park und beliebtes Ausflugsziel der Wiener. Eingebettet in das riesige Wald- und Wiesengelände liegt die Hermesvilla. Sie wurde 1883 nach Plänen des

k. k. Hofarchitekten Carl Hasenauer fertiggestellt und ist ein Musterbeispiel höfischer Repräsentationsarchitektur des späteren 19. Jhdts. Franz Josef schenkte die romantische Anlage 1884 seiner Gemahlin, in der vergeblichen Hoffnung, sie damit näher an Wien binden zu können. Elisabeth soll bei der Erstbesichtigung nur schweigend den Kopf geschüttelt haben, ob der hohlen Prachtentfaltung inmitten der herrlichen Natur, worauf ihr Gemahl traurig murmelte: „Ich werde mich immer fürchten, alles zu verderben."

Die Anlage diente während des letzten Krieges als Sommerquartier der Lipizzaner, wurde ab 1980 erneut zum Urlaubsrefugium und zu diesem Zweck um 68 Boxen, Koppeln, eine Reithalle und einen Reitplatz erweitert. Hier unter Wahrung der historischen Tradition ein Urlaub der Schulhengste möglich. Man konnte Ausritte auf schattigen Waldwegen unternehmen und zusammen mit den Hengsten den Sonnenschein und die frische Luft genießen, wie viele andere Wiener auch. Seit der Privatisierung des Unternehmens Reitschule-Piber sind alle Pferde, die nicht in der Stadtreitschule gebraucht werden, am sogenannten Heldenberg von Wetzdorf im Weinviertel in neuen Ställen untergebracht.

Mit der Stallburg ist die Überleitung zu jenem Kapitel geschaffen, das sich mit der Architektur rund um das Pferd beschäftigt. Als Pferde die wahren Motoren der gesamten Wirtschaft und des Militärs waren, mußte man zwangsläufig auch geeignete Infrastrukturen schaffen, um sie unterbringen und versorgen zu können, bzw. das notwendige Zubehör aufzubewahren.

Die heutige Winterreitschule gilt als schönster Reitsaal der Welt und entstand in den Jahren 1729 bis 1735 nach den Plänen von Josef Emanuel Fischer von Erlach.

Die Hofstallungen hatten enorme Ausmaße und boten 600 Pferden und 200 Wägen Platz.

Die Hofstallgebäude

Die Hofstallungen des Herrscherhauses waren ein herausragendes Beispiel einer Symbiose von ästhetischer Baukunst und der Notwendigkeit, eine große Zahl Pferde im Stadtgebiet, nahe der Burg, unterzubringen. Zu Beginn des 18. Jhdts. beauftragte Kaiser Karl VI. den bedeutendsten Architekten jener Zeit, Johann Bernhard Fischer von Erlach, mit der Planung eines riesigen Marstalls für rund 600 Pferde und 200 Karossen nebst sämtlichen Nebengebäuden und Unterkünften; die Baubewilligung erfolgte 1719. Das Projekt war durchaus kein Luxus, denn während des vorangegangenen Jahrhunderts hatte die ständig wachsende Zahl der Pferde und Equipagen des Hofes in diversen Häusern der Wiener Innenstadt einquartiert werden müssen, was kostspielig und unpraktisch war. Der geplante Bau war aber zu groß, um innnerhalb der Stadt untergebracht werden zu können, man wählte deshalb das nahegelegene Gelände bei Mariahilf, um dort den größten und prächtigsten Marstall Europas zu errichten. Er sollte als Prospekt die zerstörten Gebiete von Mariahilf und Spittelberg stadtseitig verdecken. Nach dem Tode des Vaters modifizierte Josef Emanuel Fischer von Erlach dessen Pläne, beließ aber die gigantischen Ausmaße. Trotz einer gewaltigen Hauptfassade von 364 Metern wirkt die Gebäudefront nicht eintönig, sondern ist durch verschiedene Giebeltrakte, Portale, Balkone und Nischen optisch gegliedert. Zwecks Übersteigerung der Perspektive wurde das Gebäude zur Idealachse leicht verschoben.

Trotz laufender Um- und Zubauten erwiesen sich die Hofstallungen jedoch bald als zu klein für den anwachsenden Marstall. Ab 1764 wurden das Palais Haugwitz und einige angrenzende Gebäudekomplexe erworben und eingegliedert, dennoch mußte man etliche Wagen und Pferde in Notquartieren in der Hofburg unterbringen, so auch im Erdgeschoß der Hofbibliothek. 1809 diente der Gebäudekomplex den angreifenden Franzosen als Gefechtsstand, wurde von Wien aus unter Feuer genommen und von 578 Treffern schwer beschädigt. Als dann der Kongress „tanzte" und man enormen Bedarf an Kutschen hatte, beschloss man die völlige Restaurierung des Komplexes, was letztlich fast 30 Jahre in Anspruch nahm. 1829 wurde erneut an einen großzügigen Ausbau der Hofstallungen gedacht, wofür vier verschiedene Pläne erhalten sind, von denen aber vorerst keiner realisiert wurde – man behalf sich weiterhin mit den für Wien typischen Provisorien.

Erst in der zweiten Hälfte des 19. Jhdts. erhielt der Komplex unter der Leitung von Hofarchitekt Ortner und Hofbaumeister Mayer seine heutige Gestalt, in engster Anlehnung an den alten Haupttrakt der beiden Fischer von Erlach, welcher dabei renoviert wurde. Hierbei ließ man dem Hofstallgebäudeinspektor Josef Lang bei der Bauleitung 1853–1854 ziemlich freie Hand, sodaß dieser nicht nur den Barocktrakt harmonisch in das Konzept einbezog und zugleich von allen häßlichen Zubauten befreien ließ, sondern

Das geschäftige Treiben in den Ställen unterstand dem Oberststallmeister, einem hohen Würdenträger.

auch an die barocken Pläne der Gesamtanlage anschloss. Auch der Genius des Architekten Paul Sprenger scheint Einfluß genommen zu haben, denn die Höfe und Durchfahrten verliehen der nunmehr beinahe biedermeierlich wirkenden Anlage ein fast ländliches Flair, das bestens zu den Pferden paßte. Die Errichtung der Reithalle im Zentrum der Anlage ermöglichte die konsequente reiterliche Ausbildung der Campagnepferde, die im Gegensatz zu den Hengsten des kaiserlichen Reitstalles in der Hofburg (Spanische Reitschule) dem militärischen und alltäglichen Gebrauch dienten.

Die Hofstallungen boten bis 1918 für über 600 Pferde und mehr als 400 Bedienstete einen optimalen Lebensraum und den notwendigen Hintergrund sowohl für die zeremonielle als auch für die offizielle Verwendung von Pferden bei Hofe. Die Gebäude bedeckten ca. 44.000 Quadratmeter, die Querausdehnung lag bei 364 Meter, die größte Gebäudetiefe war 130 Meter. Die Hauptfront mit sieben Toren, 99 Fensterachsen und einer zentralen Eingangshalle besaß palastartigen Charakter. Graf Wrangel, der schwedische Hippologe, beschrieb schon 1890 den österreichischen Marstall als in Europa einmalige Sehenswürdigkeit; er konnte damals noch nicht wissen, wie verschwenderisch Österreich später mit seinem großen hippologischen Erbe umgehen würde. Jedenfalls konnte Wrangel feststellen, daß die Paradezüge des Kaiserhofes zu Wien wahre Musterbilder waren, die in allen Details den höchsten Ansprüchen der Etikette entsprachen. Laut Wrangel gab es außer dem österreichischen keinen anderen Hof, welcher bei großen

In der Kaiserstadt findet man viele Denkmäler und Statuen mit Pferden – wie die Rossbändiger von Theodor Friedl.

Das Reithaus inmitten des Hofstall-Ensembles war sehr groß und reich verziert.

Anlässen einen so imponierenden historischen Pomp hätte entfalten können, und dabei soviel Sinn für schöne Ausstattung und guten Geschmack bewies.

Aber nicht nur die Großereignisse erregten ob ihrer erlesenen Pracht oft Aufsehen, sondern auch die Leib- und Suitewagen des Hofes, die das tägliche Stadtbild mitprägten und in ihrer noblen Eleganz unübertrefflich waren. 200 bis 250 Fahrzeuge von insgesamt rund 400 wurden im Marstall täglich fahrbereit gemacht, einschließlich aller Wirtschaftsfuhren sowie Kulissentransporte für die Hoftheater. Während der öffentlichen Besuchsstunden in den Stallungen mußte musterhafte Ordnung herrschen und das Personal im für das Publikum zugänglichen Bereich tadellos adjustiert sein. In den Remisen und Schauräumen des ersten Stockes konnten bereits damals einige der historischen Prunkwagen, Sänften und Geschirre der Reichen Sattel- und Geschirrkammer bewundert werden; diese sind heute in der sogenannten Wagenburg von Schönbrunn zu besichtigen.

Die eigentlichen Stallungen waren bis zum Ende der Monarchie so eingeteilt:

1) Der Rapp- und Schimmelhengsten-Ovalstall beherbergte die Kladruber Hengste der schweren Altkladruber Rasse, welche für zeremonielle Auffahrten und Festlichkeiten des Hofes bestimmt waren. Bei besonders feierlichen Anlässen fuhr Seine Majestät mit einem Achterzug derartiger Hengste.

2) Der Große Schimmelzugstall beherbergte die Lipizzaner Wagenpferde, die dem Hofe für leichte Fuhrwerke im täglichen Gebrauch und für

Solche dekorativen Pferdeköpfe schmückten die Gebäude – und sie sind alle verschieden.

Überlandfahrten zur Verfügung standen. Sie waren besonders ausdauernd und flott und wurden im Volksmund Kaiserschimmel genannt.

3) Der Große Braunzugstall beherbergte die englischen Wagenpferde aus Kladrub, welche vorwiegend zum Gebrauch in der Stadt bestimmt waren. Sie hatten züchterisch mit den Altkladrubern nur insoferne zu tun, als sie ebenfalls im Hofgestüt Kladrub an der Elbe gezogen wurden.

4) Der Campagne-Reitstall beherbergte mit dem Schulstall die Hofreitpferde, welche vornehmlich für den Reitgebrauch des Herrscherhauses und privilegierter Personen bestimmt waren. Sie kamen teilweise aus den Hof- und Staatsgestüten, aber vor allem aus England und Irland.

Seit der Auflösung des Wiener k. u. k. Hof-Marstalls durch das ehemalige Oberststallmeisteramt in den Jahren 1918–1924 gehören die Hofzugställe als solche der Vergangenheit an. Die sogenannten Ordinari-Wägen, also alle leichten oder sportlichen Kutschen und die einfachen Nutzfahrzeuge wurden verkauft oder an andere Dienststellen zum Verbrauch abgegeben; somit ging weit über die Hälfte der Fahrzeuge unwiderruflich verloren.

Auch die Gebäude der Hofstallungen erlitten ein wechselvolles Schicksal fernab jeglicher hippologischen Bedeutung und Verwendung. Heute ist die teilweise Demolierung und völlige Umgestaltung der Gebäude abgeschlossen. Man hat zugunsten einiger völlig unpassender Projekte im Sinne der

„modernen Kunst“ das Alte, Schöne zweckentfremdet und nur mehr die äußere Kulisse des Marstalls teilweise bewahrt. Die Hofstallungen waren die kunsthistorisch bedeutendste und flächenmäßig größte Architekturanlage für Pferde, die seit den Ställen König Salomos je gebaut worden war. Ihr historischer Stellenwert wurde jedoch nicht richtig erfaßt und die sich anbietenden zeitgemäßen Möglichkeiten einer sinn- und stilvollen Nutzung (Berittene Polizei, Dependence der Spanischen Reitschule, Pferdemuseum etc.) abgelehnt. Für Pferde ist dort kein Platz mehr und wird es nie wieder sein.

Die Wagenburg in Schönbrunn

Die als Wagenburg des Schlosses Schönbrunn bekannte Halle, welche heute der Präsentation von historischen Gefährten nebst Zubehör aus der Ära vor dem Automobil dient, gehört eigentlich nicht zu unserem Thema. Sie war nämlich keineswegs eine Remise oder Geschirrkammer, sondern schlichtweg die Reithalle der Schlossanlage, die als notwendiger Bestandteil dem bis 1918 vom Pferde geprägten Hofzeremoniell, oder besser dessen Vorbereitung, diente. Ähnliche Winterreitschulen waren in verschiedenster Ausformung bei vielen Adelssitzen zu finden und gehörten neben Stallungen und Remisen quasi zum Inventar. Als Ausstellungsraum für höfische Verkehrskultur dient dieses Gebäude erst seit einigen Jahrzehnten.

Die Wagenburg ist die Nachfolgerin der Schauräume der Hofstallungen in der Wiener Innenstadt, welche weiter oben besprochen wurden. In diesen

Die Wagenburg war vor 1921 das Reithaus von Schönbrunn, danach Ausstellungsort der Restbestände der Hofstallungen.

Rund 100 herrliche Wägen und Schlitten sind erhalten geblieben, dazu kostbare Geschirre.

befanden sich schon lange vor der Ausrufung der Ersten Republik einige Schauräume, welche als Reiche Sattel- und Geschirrkammern und Hofwagenburg dem Publikum zugänglich waren. Dazu kamen noch die Hof-, Jagd- und Gewehrkammern, welche aufgelöst wurden. Diese seit der Regierungszeit Kaiser Franz I. gesammelten und aufbewahrten Kostbarkeiten aus mehreren Jahrhunderten waren nach Voranmeldung beim Oberststallmeisteramt zu besichtigen und stellten einen ungeheuren kulturellen Schatz dar. Zwar wurde ein Teil der Wagen und Gegenstände aus Pietät und historischem Interesse aufbewahrt und nicht mehr verwendet, ein großer Teil aber fand bis 1918 praktische Verwendung im Alltag. Diese Bestände wurden nach 1918 großteils in alle Winde zerstreut und nur das Wenige, das erhalten blieb, konnte zum Kern der Ausstellung in der heutigen Wagenburg werden. Sie findet Eingang in dieses Buch, weil die Sammlung trotz ihrer Entstehung nach 1918 als legitime Nachfolgerin einer imperialen Einrichtung zu verstehen ist und somit die Kontinuität einer Tradition bewahrt.

Die noch vorhandenen Exponate gelangten nach dem Zusammenbruch der Monarchie nach Schönbrunn, wo sie 1922 in der provisorisch adaptierten Reithalle untergebracht wurden. Im Jahre 1931 kam der erste kleine Katalog heraus, 1939 wurde der sog. Englische Reitstall des Kaisers und der Kaiserin in die Ausstellung miteinbezogen.

Der Zweite Weltkrieg brachte zahllose Schäden und Verwüstungen an Gebäude, Exponaten und Gerät, sowohl in der eigentlichen Wagenburg, als auch an den zahlreichen in diversen Depots eingelagerten Überbeständen. Die Halle wurde 1947 provisorisch renoviert, 1970 erfolgte eine umfassende

Das Prunkstück der Sammlung ist der reich verzierte Krönungs- oder Imperialwagen, der über vier Tonnen wiegt.

Wiederherstellung des Komplexes, der heute alle Anforderungen an ein modernes museales Gebäude erfüllt.

Der Marstall von Bad Ischl

Es ist nur wenigen Besuchern der berühmten Kaiservilla von Bad Ischl bewusst, dass sich in unmittelbarer Nähe des romantischen Landsitzes der Familie Habsburg-Lothringen ein völlig intaktes, höfisches Marstallgebäude erhalten hat. Etwas abseits und durch Bäume verborgen liegt es auf einer kleinen Anhöhe oberhalb des Hauptgebäudes.

(Bad) Ischl liegt an Traun und Ischl – berühmt für seine Salzvorkommen und die malerische Landschaft.

Neben der Kaiservilla gab es natürlich auch Stallungen und Remisen für die Hofhaltung.

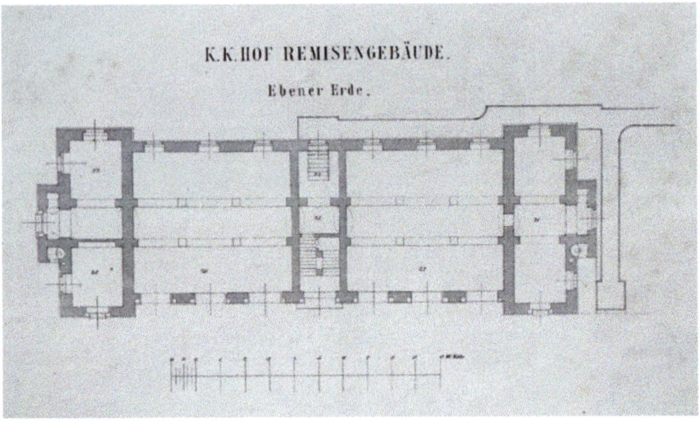

Die kompakte Anlage entstand ab dem Jahr 1855 unter der Leitung des Ersten Kaiserlichen Hofgärtners, Franz Rauch. Der Stall wurde 1857 fertig; Dieser tüchtige Planer hatte sich auf weiten Reisen gebildet und mit modernen Stilen vertraut gemacht. Während der Baumeister Antonio Legrenzi den Ausbau der Villa durchführte, war Rauch mit dem Park, allen Außenanlagen und den Nebengebäuden betraut. Er schuf die Ställe für rund 50 Pferde und ca. 20 Kutschen sowie alle nötigen Nebengelasse in der klassischen Form eines Gevierts. Der hintere Trakt war nicht direkt den Pferden gewidmet. Wir lesen in einer Schrift des Jahres 1906: „Außer der kaiserlichen Villa steht noch ein zweites Gebäude ausschließlich den höchsten

Die Kaiservilla ist seit 1853 bis heute Sommerfrische und Wohnsitz der Familie Habsburg-Lothringen.

Die Ställe liegen etwas abseits und werden nach und nach renoviert.

Herrschaften zur Verfügung. Es ist das Cottage, ein im Jahr 1856 ganz aus Marmor erbautes Schlösschen, das in prachtvoll erhöhter Lage eine schöne Fernsicht auf Ischl bietet. Weiter sind noch das kaiserliche Stallgebäude und das Remisengebäude zu nennen, dessen erster Stock die Wohnungen und die Suiten enthält, ferner das Office-Gebäude, das Maschinenhaus und die reizend gelegene, mit allem Komfort ausgestattete Schwimmschule."

Die gesamten Nebenanlagen wurden um 1860 fertiggestellt und entsprachen in einfacher Ausführung allen Anforderungen jener Zeit. Die Bediensteten wohnten in Räumen, die sich über den Trakt der Ställe und Verwaltung und ein Gebäude am Fluss Ischl verteilten: Die Reitpferde der Kaiserin wurden nach dem Ende der Jagdreisen auf die britischen Inseln auf wenige Tiere reduziert; an Wagenpferden wurden bis zum Ende der Monarchie noch größere Zahlen gehalten, da Kaiser Franz Josef bis 1918 die Kutsche dem Automobil vorzog.

Ab 1877 waren keine 50 Pferde mehr notwendig, da die Anfahrt nach Ischl bereits großteils mit dem Zug möglich war. 1919 erfolgte die Enteignung des Großvermögens des Hauses Habsburg durch die Republik Österreich; die Erhaltung der Stallungen war sehr erschwert, aber das Gebäude war noch in gutem Zustand. Darauf folgten ein langsamer Verfall aufgrund der Mietzins-Gesetzgebung und keine Verwendung der Baukörper. Seit einigen Jahrzehnten ist die Landes-Musikschule Oberösterreich in einem Teil des Office-Gebäudes untergbracht. Ab 2014 erfolgte eine Teilsanierung der Stallung durch die Familie zum Zwecke der Gartenschau 2015 in Bad Ischl.

Sisi liebte rasante Jagdritte über die weiten Fluren im Umkreis von Gödöllö.

Schloss Gödöllö

Das in seinem Ursprung barocke Schloss mit Park und Forstgelände wurde von der Familie Grassalkovich erbaut und 1867 von der ungarischen Krone als Krönungsgeschenk an Franz Josef und Sisi übergeben. Sisi weilte sehr gerne in dem gemütlichen und nach ihren Plänen adaptierten Landsitz. Sie konnte dort unbeschwert reiten und eine informelle Hofhaltung führen, an der die Familie und die Freunde weit größeren Anteil hatten als in Wien. Das Schloss stammte aus den Jahren um 1730 und wurde durch Um- und Zubauten bis 1771 zu einem bedeutenden Kleinod. Die Meister Mayerhoffer und Parcassi waren für die Ausgestaltung verantwortlich, die sich durch eine glückliche Kombination französischen Barocks und Wiener Imperialstils auszeichnet. Die Nutzung durch Sisi lag betont im Bereich des Landlebens, des Reitsports und der Familienpflege.

Der sogenannte Schimmelhof wird durch einen Seitentrakt, die Reithalle und das Stallgebäude begrenzt. Zu Zeiten der Familie Grassalkovich beherbergte der Stall etwa zehn Rösser. An diesen Stall wurde nach der Schenkung an das Kaiserpaar der sogenannte Marmorstall angebaut, der 38 Pferden Platz bot. Der wegen seiner auf Marmorsäulen aufliegenden Mauerbögen und Marmortröge berühmte Stall wurde durch in Wien gefertigte, gußeiserne Standsäulen unterteilt. Die Sowjets benutzten das Gebäude jahrelang als Lagerraum für chemische Stoffe, die arge Zerstörungen hinterlassen haben. Zudem wurden zahlreiche Teile der Stalleinrichtungen ruiniert, die wertvollen Ständer teilweise abgebrochen und die Tröge grau übermalt. Das Holzpflaster des alten Grassalkovich-Stalles ist noch erhalten, desgleichen der Glasgang von Stall und Gartenappartement zur Reithalle, den Sisi benützte, um bei Schlechtwetter dorthin zu gelangen. Nach umfangreichen Renovierungen ist die gesamte Anlage heute in gutem Zustand und dient touristischen Zwecken. Das Andenken an Kaiserin Elisabeth, die ja große Sympathien für Ungarn hegte, wird hier gepflegt; die reiterlichen Aktivitäten des Kaiserpaares und ihrer Sportskameraden können nur angedeutet werden. Aus der Reitanlage ist ein moderner Veranstaltungskomplex geworden.

Die Reithalle wurde unter Antal I. von Grassalkovich um die Mitte des 18. Jhdts. erbaut. Der ursprünglich gewölbte Raum besaß eine direkte Verbindung zum Bierkeller des Schlosses und lag etliche Meter tiefer als heute. Unter Sisi wurde der Fußboden angehoben, die Bierstube verschwand und der gewölbte Abschluss wurde durch eine flache Decke ersetzt; am Ende des Raumes wurden eine Galerie und an den Wänden große Spiegel angebracht. Es gab auch eine regelrechte Zirkusarena mit einer kleinen Loge und offenem Kamin, wo Sisi mit ihren Freunden aus Zirkuskreisen Reitkunststücke übte.

Das Barockschloss wurde 1867 dem Kaiserpaar geschenkt und war ein bevorzugter Aufenthaltsort.

Schloss Hof diente zuerst dem Prinzen Eugen, danach Maria Theresia als Jagd- und Sommeraufenthalt.

Schloss Hof

Das barocke Lust- und Jagdschloss an der March östlich Wiens zählt zu den barocken Kostbarkeiten der Ära von Eugen von Savoyen und Maria Theresia. Seine Geschichte wurde oft beschrieben, seine Sehenswürdigkeiten gerühmt – es gehörte zum unverzichtbaren Bestand barocken Zeitverständnisses.

Bald nach dem Tode der beliebten Monarchin Maria Theresia, deren Biographie eng mit dem Landsitz Schloss Hof verbunden war, begann die Geschichte des Besitztums einen anderen Verlauf zu nehmen. 1788 zog auf allerhöchsten Befehl Kaiser Josefs II. das Beschäl-Department für Niederösterreich in die weitläufigen Stallungen des Meierhofes, wo es bis 1857 beinahe ohne Unterbrechungen verblieb. Schloss Hof sollte erst mit der Einrichtung des Militär-Reit- und Fahrlehrerinstitutes 1899 wieder zu größerer Bedeutung finden. Der Vorläufer dieser der Artillerie und dem Train gewidmeten Institution war das 1851 gegründete und 1860 wieder aufgelöste Artillerie-Equitationsinstitut. Von 1870 bis 1875 wurde in Wien der Artillerie-Central-Equitationskurs abgehalten. Bis 1899 fand die zentrale Ausbildung im k. u. k. Militär-Reitlehrerinstitut Wien in der Bahngasse statt.

Die Verlegung der Reit- und Fahrausbildung nach Schloss Hof erforderte umfassende Restaurierungen an dem desolaten Gebäudekomplex, der abgenützt und devastiert war. Die Arbeiten scheinen jedoch sehr zügig vorangegangen zu sein, denn beim Einzug der Schüler des ersten Jahrgangs

Im Marchfeld finden regelmäßig pferdesportliche Veranstaltungen statt.

präsentierte sich die Anlage in gutem Zustand. Im Kriegsjahr 1914 zogen erneut Zuchtpferde in die Stallungen ein, denn man mußte das Hengstdepot von Oberwikow aus der gefährdeten Bukowina hierher verlegen. Nach dem Krieg, 1920, wurde erneut der Kurs für Reit- und Fahrausbildung hierher verlegt, der allerdings schon 1929 weiter nach Kaiserebersdorf übersiedelte. 1935 kam das Militär-Reit- und Fahrinstitut nach Schloss Hof; dem damaligen Kommandanten Oberst Friedrich Angerer war ein gewisser Rittmeister Alois Podhajsky zugeteilt. Dieser sollte später als Leiter der Spanischen Reitschule zu Wien Geschichte schreiben...

Die weitläufige Anlage verfügt über zwei identische Reithäuser, geräumige Ställe und ein hippologisches Museum.

V. Eine Dynastie im Sattel

Hervorragende Tiermaler – wie Johann Georg Hamilton – porträtierten die schönsten Hengste Habsburgs.

Die Habsburger waren wohl auch nicht mehr oder weniger an Pferden interessiert, als alle anderen zeitgenössischen herrschenden Häuser, vom kleinen Landadeligen bis zu Königen und Kaisern. Jedermann mit etwas Weitblick und Bildung erkannte während der langen Periode zwischen Mittelalter und dem Vorabend des Ersten Weltkrieges die eminente Bedeutung der Pferde für Militär, Wirtschaft und Luxus. Man suchte allerorts – von der Nordsee bis Sizilien – gute Pferde zu bekommen und tunlichst zu vermehren.

Das Reich der Habsburger war Heimat zahlreicher Pferderassen und -schläge, die sich durch typische Merkmale deutlich voneinander unterschieden und für verschiedene Zwecke verwendet wurden. Da gab es die Prunk-

und Luxuspferde für den höfischen Gebrauch, für Karusselle und Paraden oder die Gala-Anspannung.

Ursprünglich aus spanischen und italienischen Wurzeln stammend, wurden sie in den Hofgestüten zu den typisch altösterreichischen Rassen Lipizzaner und Kladruber geformt, deren antiquierten Adel wir heute noch bewundern. Die Produkte der Hofgestüte waren äußerst brauchbare Pferde, die keineswegs nur als verweichlichte Luxustiere anzusehen sind. So war und ist der Lipizzaner in den Ländern Osteuropas bis heute ein beliebtes Wirtschaftspferd, das sich im Mittelgebirge und der Ebene hervorragend bewährt. Die Gestüte im Osten und Südosten stellten genügsame, ausdauernde Armeepferde, die aus dem Hunger eine Kunst machen konnten und vielseitig einsetzbar waren. Haflinger und Huzule stammten aus Gebirgsregionen und leisteten sowohl in der Landwirtschaft als auch bei der Truppe hervorragende Dienste als Tragtiere. Trotz ihrer unterschiedlichen Merkmale waren all die Rassen auch wieder typisch für das Völkergemisch innerhalb der Doppelmonarchie; jede Region, jedes Kronland brachte eben das hervor, wofür es Bedarf hatte und was es am besten produzieren konnte.

Die Habsburger Dynastie und viele fürstliche Häuser trugen durch kluge Importe und eine weitsichtige Zuchtpolitik immer wieder wegweisend zur Hebung der Pferdezucht bei. Unter dem Kapitel „Die Gestüte der Doppelmonarchie“ findet sich so mancher Hinweis auf diese züchterischen Ambitionen, die in Österreich-Ungarn immer wieder schönste Ergebnisse brachten.

Auch der unmittelbare Kontakt zwischen den Menschen, egal, ob es dabei um Adel oder Bürger ging, und den Pferden ist

Kaiser Maximilian I. war ein gefürchteter Turnierkämpfer.

Maximilians schöne Gemahlin Maria von Burgund starb durch einen Sturz vom Pferd schon in jungen Jahren.

im Rahmen einer kulturhistorischen Betrachtung interessant. Wer immer es sich leisten konnte, der bediente sich der Pferdestärken, das Erzhaus natürlich in besonderem Maße, denn unter Pferdemangel litt es natürlich nicht! Im folgenden Kapitel können wir nur einige Schlaglichter auf einzelne Personen oder Begebenheiten werfen, mehr verbietet der verfügbare Raum.

Kaiser Ludwig IV. der Bayer betrieb eine Hausmachtpolitik, die auch auf spätere österreichische Gebiete Auswirkungen hatte. Sein Sohn, Markgraf Ludwig von Brandenburg, vermählte sich 1342 mit der Tiroler Gräfin Margarethe Maultasch, deren Familiensitz direkt oberhalb von Bozen lag. Als Hochzeitsgeschenke wurden u. a. einige burgundische Hengste überreicht, welche mit Sicherheit dem damals verbreiteten Typ des agilen, mittelgroßen Ritterpferdes angehörten. Sie könnten dort zu den Vorfahren der späteren Haflinger geworden sein. Die Geschichte von der Heirat Ludwigs von Brandenburg mit Margarethe enthält noch einen weiteren kuriosen Aspekt. Sie zeigt nämlich die Bedeutung auf, welche Reitunfälle in der österreichischen Geschichte spielten. Als Ludwig IV. nach langen Schwierigkeiten endlich mit seinem Sohn nach Tirol kommen durfte – die o. g. burgundischen Hengste im Schlepptau – trat auch der Bischof von Freising den Ritt zur Hochzeit an, denn er sollte die Scheidung Margarethes von ihrem ersten Mann und die anschließende Neuvermählung vornehmen. Beim Übergang über den

Jaufen stürzte er jedoch so unglücklich vom Pferd, daß er den Folgen des Unfalls erlag. Da dies als böses Omen gewertet wurde, wollte niemand die Trauung vornehmen, und Ludwig ließ diese 1343 gewaltsam vollziehen, weswegen der Papst den Bann aussprach und es beinahe zu einem Krieg gekommen wäre.

Maximilian I., Urgroßvater des für unsere Betrachtungen bedeutenderen Maximilian II., heiratete in jungen Jahren die bezaubernd schöne Maria, Herzogin von Burgund, wodurch die Niederlande und Burgund an das Haus Habsburg fielen. Obwohl sich die beiden jungen Fürstenkinder zuvor nie gesehen hatten, wurde aus der geplanten Vernunftehe ein glückseliger Liebesrausch. Man kann sich die Bestürzung des damaligen Erzherzogs ausmalen, als seine geliebte, hochschwangere Frau 1482 bei einem Ausritt zur Reiherbeize von ihrem stürzenden Pferd überrollt und tödlich verletzt wurde. Er sollte sie sein Leben lang nicht mehr vergessen…

Maximilian war selbst ein hervorragender Reiter, sein Beiname „der letzte Ritter“ kommt nicht von Ungefähr. Er liebte die Jagd zu Pferde und muß aufgrund der hohen reiterlichen Anforderungen beim Querfeldeinritt sicher im Sattel gesessen sein. Er kämpfte selbst in einigen Schlachten in erster Reihe und bewies sich als schlagkräftiger „Reutter“. Berühmt wurde die Episode beim Turnier anläßlich des Wormser Reichstages 1495, als der französische Ritter Claude de Barré die gesamte deutsche Ritterschaft forderte, sich dem gefürchteten Recken aber niemand stellen wollte. Niemand, außer einem unbekannten Ritter in schlichter Rüstung, der den Franzosen beim ersten

Maximilian wurde „der letzte Ritter“ genannt, weil er die Ideale des Mittelalters in die Neuzeit trug.

Rudolf II. war als Mensch ein Sonderling, doch sein Prager Hof beherbergte enorme Schätze – auch kostbare Pferde.

Gang aushob. Als er das Visier anhob, sah man, daß es niemand Geringerer als Maximilian selbst war! Daß sich unter seiner Herrschaft die Infanterie und die Artillerie zu den wirksamsten Waffengattungen entwickelten, tat der ritterlichen Auffassung des vielseitig talentierten Maximilian kaum Abbruch.

Maximilian II. verbrachte sein Leben zwischen den Jahren 1544, als er gerade 17-jährig war, und 1552 in Spanien. Dort vermählte er sich mit der Infantin Maria und hatte das Amt des Statthalters inne. Im Zuge seiner Rückkehr nach Österreich brachte er auch etliche kostbare Reitpferde aus Spanien mit, die damals in bestem Ruf standen. Die berühmten Andalusier waren in ganz Europa als Kampf- und Paradepferde begehrt.

Lassen wir Hermann Gassebner die Geschichte weiter erzählen: „Der Zeitpunkt der Krönung Kaiser Maximilians II. zum König von Böhmen rückte heran; es galt daher, seitens des Landes ein angemessenes Krönungsgeschenk ausfindig zu machen. Die Wahl der böhmischen Stände fiel auf die Johann von Pernstein gehörende Herrschaft Pardubitz, und mit dieser kam auch das Dorf Kladrub mit dem Meierhofe und dem Thiergarten an die königliche Kammer (1560). In den erwähnten Thiergarten wurde ein Theil jener Pferde eingestellt, welche der Kaiser im Jahre 1552 und zwar noch als Erzherzog aus Spanien mitgebracht hatte. Die Anfänge des Kladruber Hofgestütes dürften also in das Krönungsjahr 1562 fallen. Der Thiergarten wurde in mehrere Abschnitte getheilt, die Pferde eingelassen und das Gestüt als halbwild geführt. Beim alten, später niedergebrannten Schlosse sollen die

Stallungen erbaut gewesen sein; zwei aus Stein für die Heerdepferde (wohl die Mutterstuten und Fohlen) und drei im Winkel angelegt aus Holz für die Beschäler, Dienstklepper und die aufgestallten Pferde. Über den Sommer mussten die Heerdepferde ihr Futter in den Koppeln selbst suchen. Wenn auch die Namen der im Kladruber Thiergarten eingestellten Pferde heute nicht mehr bekannt sind, so unterliegt es doch keinem Zweifel, dass sie aus Spaniens gesegneten Gefilden stammten.“ (Gekürzt)

Auf Maximilian folgte sein ältester Sohn Rudolf II. Der sonderbare Fürst, der sich auf dem Prager Hradschin ein wissenschaftlich-okkult orientiertes Privatreich schuf, war trotz aller später unverstandenen Neigungen ein großer Pferdefreund. Ein französischer Deputierter berichtet uns von einem Besuch in Reitschule und Stall der Prager Burg: „Wir sahen dort eine große Anzahl von Pferden, viele davon exzellent, und alle werden vom Italiener Pietropaolo trainiert, welchen der Kaiser sehr schätzt. Dann schauten wir die Stallungen an, wo wir über 200 Pferde von sehr guter Zucht zählten. Der Großteil von ihnen kommt aus den Kaiserlichen Gestüten, welche sich in verschiedenen Teilen des Reiches befinden und jedes Jahr über 100 Pferde abgeben.“

Darüber hinaus berichtet der Franzose über die geradezu beängstigende Anzahl von mehrspännigen Kutschen in Prag; sein Vorgesetzter erhielt

Österreich unterhielt enge Verbindungen zu Spanien und Neapel, von wo die besten Pferde kamen.

Ferdinand II. verlegte seinen Hof von Graz nach Wien – und damit auch den Marstall seines Vaters Karl.

vom Kaiser die kostenlose Benutzung von zwei Dienern und zwei sechsspännigen Kutschen zuerkannt. Auch von ausgedehnten Reitjagden im kaiserlichen Tierpark berichtet er und dann lesen wir erstaunt eine weitere Bestätigung von Rudolfs sonderbarem Geschmack: In einem Zwinger wurden diverse Großkatzen gehalten, darunter ein Leopard. Diese Katzen pflegte Rudolf auf dem Rücken von Pferden zur Hetzjagd zu transportieren, worauf sie anstelle einer Hundemeute zur Jagd freigelassen wurden. Tatsächlich ein eigenwilliger Mann, dieser Rudolf ...

Dann folgte die Regierungszeit Ferdinand II., der aus der steirischen Linie stammte und dessen Vater, Erzherzog Karl II. von Innerösterreich, bekanntlich im Karstgebirge bei Triest das Gestüt Lipizza gründete. Es war in erster Linie als Hofgestüt für die Grazer Residenz gedacht und lieferte Paradepferde dorthin. Als Ferdinand 1619 zum deutschen Kaiser gekrönt wurde, verlegte er seinen Reichsmittelpunkt nach Wien, wonach auch die höfische Pferdehaltung sich dorthin orientierte. Andernfalls wäre die Spanische Reitschule womöglich in Graz am dortigen Tummelplatz (Reitplatz) entstanden – dessen Name heute kaum jemand deuten kann!

Leopold I. ließ erstmals Beschäler aus Italien nach Kladrub überstellen, denn die Mode der Zeit verlangte nach stärkeren, pompöseren Pferden. Die sogenannten Neapolitaner standen ganz im spanischen Typ, waren aber gewissermaßen Großausgaben. Nachdem sie in ihrer Heimat Italien im frühen 19. Jhdt. ausstarben, bestanden diese herrlichen Pferde nur mehr in Böhmen weiter fort und finden sich noch heute in den Altkladruber Pferden.

Den Musikwissenschaftern ist bekannt, daß Leopolds besondere Begabung auf dem Gebiet der Komposition lag. Er spielte selbst mehrere Instrumente und sein Hauptinteresse galt der höfischen Musik, welche er selbst auch vortrefflich zu dirigieren verstand. Besonders liebte er Rossebalette zu Musik, von denen rund fünfzig aus seiner Ära erhalten sind.

Kaiser Leopold I. war ein begabter Reiter und Musiker; er komponierte Musik zum Reiten.

Karl VI. war ganz dem spanischen Zeremoniell verhaftet, und dazu gehörten natürlich noble Pferde. Für den Bau der herrlichen Winterreitschule in Wien, dem Reithaus der Spanischen Reitschule, ist ihm nicht genug zu danken; als liebenswerte Geste des Respekts und Dankes ziehen seit jenen Tagen alle Reiter der Schule jedesmal beim Einritt ihren Hut vor dem Gemälde des Kaisers in der Hofloge.

Karl weilte sogar zweimal in Kladrub, einmal 1723 im Zuge seiner Krönung zum böhmischen König in Begleitung seiner Frau Elisabeth Christine und seiner Töchter Maria Theresia und Anna, und nochmals 1732. Beide Male erweckte das Hofgestüt das große Interesse des Herrschers, der auch bestimmte, daß weiteres erstklassiges Zuchtmaterial angekauft werden solle.

Seine Tochter Maria Theresia mag solche Reisen und Besuche als spätere Regentin zum Anlass genommen haben, sich der Verbesserung der Pferdezucht in ihrem Reich anzunehmen. Hierzu Hans Brabenetz, der Kenner der altösterreichischen Pferdezucht: „Bedingt durch den katastrophalen Niedergang der Pferdezucht infolge der zahlreichen Kriege ergriff die geniale Maria Theresia die Initiative und erließ die ersten Verfügungen zur Hebung derselben. Ihr Patent aus dem Jahre 1763 über die staatliche Leitung und Aufsicht der Zuchtangelegenheiten fand seine Vervollständigung unter Kaiser Josef II. Diese ersten Förderungsmaßnahmen waren derart

Karl VI. ließ die wunderbare Reithalle im Herzen Wiens erbauen.

umsichtig und weitblickend, dass sie – wenn auch abgeändert – noch heute in den Tierzuchtgesetzen Gültigkeit finden. Der Leitgedanke all dieser Verfügungen war ausschließlich militärisch und hatte eine weitgehende Remontierungsmöglichkeit im eigenen Lande im Sinn."

Möglicherweise erinnerte sich die Regentin auch an unbeschwerte Jugendtage, als sie eigenhändig prächtige Gespanne zum Karussell lenkte, mit Pistole, Schwert und Lanze am „Mohrenstechen" teilnahm und sogar etliche Preise erringen konnte. Im Jahre 1743 ging das berühmt gewordene Damenkarussell in der Winterreitschule in Szene, das Maria Theresia anläßlich der Wiedereinnahme der Stadt Prag veranstalten ließ. Insgesamt waren es vier Quadrillen, welche das Karussell bestritten, zwei davon bestanden aus Reiterinnen, die anderen aus reich verzierten Phaetons. Alle mitwirkenden Damen gehörten dem hohen und höchsten Adel an und waren in barockisierte Amazonentracht gekleidet. Maria Theresia selbst führte die erste reitende Quadrille an und gewann mit der Lanze einen kostbaren Preis, der in einem goldgefassten, mit Brillanten besetzten Kristallbesteck bestand, welches sie jedoch an die Gräfin Pálffy weitergab.

Ihr Sohn Josef II. war ein Praktiker; er unternahm 1766 eine Incognito-Reise durch Böhmen, um die Probleme der Landbevölkerung näher kennenzulernen. Bei dieser Gelegenheit pflügte er eigenhändig mit einem Pferdegespann ein Feld bei Slawikowicz um. Von allen, Volk, Beratern und anderen Herrschern missverstanden, stand der Reformkaiser lange Zeit im Schatten seiner Mutter, aus dem er herauszutreten versuchte. In einem jedoch waren sie einer Meinung: die Pferdezucht Österreich-Ungarns musste blühen, sonst war wirtschaftlich und vor allem militärisch keine große

Zukunft zu erwarten. Josef setzte also das Werk seiner Mutter fort, gründete die bedeutenden Gestüte Mezöhegyes und Bábolna und ließ Kladrub erweitern. Eines der beiden Vorwerke des Hofgestüts trägt noch immer seinen Namen: Josefov (Josefshof).

Ein Denkmal Kaiser Josefs II. – der oft missverstandene Reformer.

Wenn man in Österreich (und auch im Ausland) vom Kaiser spricht, so ist fast immer Franz Josef I. gemeint. Er war unser Gegenstück zu seiner Zeitgenossin Victoria von Großbritannien; beide regierten „ewig", waren Ikonen für ihre Untertanen und symbolisierten Kraft ihrer Persönlichkeiten den letzten Höhepunkt der absolutistischen Strukturen.

Franz Josef wurde stets von seiner Frau Elisabeth (Sisi) überstrahlt, deren Pferde- und Reitbegeisterung nahezu manische Formen angenommen hatte. Er selbst war ein sehr guter, couragierter Reiter und förderte auf unspektakuläre Art die Pferdezucht im riesigen Reich. Ihm ist die feste Verankerung der Lipizzanerzucht im slowenischen Stammgestüt Lipizza zu verdanken,

Bei einer Reise pflügte Josef inkognito den Acker eines böhmischen Bauern.

Franz Josef I. war ein hervorragender und begeisterter Jagdreiter.

das man einige Male verlegen wollte. Er bevorzugte noch im Alter demonstrativ Pferdegespanne und Reitpferde gegenüber dem neu erfundenen Automobil, obwohl er es später im hohen Alter – nolens volens – verwenden musste. Unter seiner Herrschaft gelangten viele der in diesem Buch besprochenen Zuchtstätten und Institutionen zu ihrer schönsten Ausformung.

Leider ist nur wenig über seine persönlichen Erlebnisse mit Pferden bekannt. Er ritt viel und bestritt anspruchsvolle Meutejagden mit Sisi über die weiten Ländereien in Pardubitz und Gödöllö. Dies, obwohl ein Sturz mit chronischen oder fatalen Folgen dem ersten Diener des Staates ebenso hätte widerfahren können wie jedem anderen. Sisi schrieb von einem Jagdurlaub in England später an ihren Mann: „Wärst Du nur hier, ich sage es auf jeder Jagd, und wie Du populär wärst dank Deinem guten Reiten und Deinem Verständnis für die Jagd. Aber gefährlich wäre es, denn Du ließest Dich nicht von Captain Middleton hofmeistern und würdest über alles hinüberspritzen, wo nachgeschaut wird, ob es auch nicht zu tief oder zu breit ist.“

Hinüberspritzen – was für ein ungewöhnliches Wort für den Reitstil eines Monarchen, der die Besonnenheit gepachtet hatte und für den Resignation zur Religion geworden war. Hier finden wir nicht einen unnahbaren Kaiser, hier war ein Reiter aus Fleisch und Blut, ein Nimrod, der über Gräben und Hecken „hinüberspritzte“. Dazu brauchte er gute Pferde, und die kamen – wohl unter dem Einfluss seiner anglophilen Gemahlin Sisi – zunehmend aus England und Irland, wo die besten Vollblüter gezogen werden. Natür-

Kronprinz Rudolf war ein mittelmäßiger Reiter, der seine Freude vielmehr in der Jagd fand.

lich konnte und wollte der Kaiser seine Reittiere nicht selbst ausbilden, wie Sisi dies tat, dafür gab es Helfer: „Neben den Ulanen und Dragonern an ihren militärischen Formationen entlang streifend, sah man immer wieder einen unscheinbaren grauen Zivilreiter auf einem gar nicht unscheinbaren braunen Vollblutpferd. Was hatte der hier, am Übungsplatz, zu tun? Ja, das war der Hofoberbereiter, der Herr Meixner, der das Pferd Seiner Majestät für die kommende Orgie vorbereitete. Er ritt in bequemem Hutschpferdegalopp. Meine Lady hätte auch für das morgige Manöver einen solchen Einpauker gebraucht.“ (Lorenz, Schattenreiter)

Im Manöver und bei Truppeninspektionen zeigte sich das reiterliche Können des Monarchen, das er durch frühen Unterricht und ständige Übung im Sattel erworben hatte: „Die Inspicierungen der Cavallerie-Esacdronen haben für den Zuschauer den Reiz, dass er den Kaiser als Campagne-Reiter beobachten kann. Bei der Parade galoppiert er nur zum rechten Flügel und nach der Defilierung zum Wagen – in diesem Falle aber ist er in fast unaufhörlicher Bewegung. Hindernisse sind ihm keine Sache der Erwägung. Er folgt jeder Vorrückung, reitet Attaken mit. Wenige Menschen seines Jahrganges träfen es so. Die Cavalleristen sind voll dieses Eindruckes. Ihnen imponiert nicht bloß der Kaiser, sondern auch der Reiter.“ („Das Buch vom Kaiser“, Kapitel „Der Oberste Kriegsherr“, Obst. Gustav Bancalari, 1898.)

Bis ins hohe Alter nahm Kaiser Franz Josef an Paraden und Manövern zu Pferd teil.

Im Rahmen seiner zahlreichen Reisen durch sein riesiges Reich besuchte Franz Josef immer wieder auch die Einrichtungen der Pferdezucht. So im Jahre 1880, als er das Gestüt Radautz in der Bukowina besichtigte. Auch in der Hofreitschule waren er und seine Familie immer wieder anzutreffen. Der Kaiser muß über Grundkenntnise der Hohen Schule verfügt haben, denn anlässlich seiner Krönung zum ungarischen König musste er, der alten Tradition entsprechend, auf dem Krönungshügel seinen Schimmelhengst in alle vier Himmelsrichtungen levadieren lassen.

Man teilte also nicht nur ein gemeinsames Interesse am Reitsport, sondern kam auch der berufsbedingten Teilnahme an indirekt mit Pferden verbundenen Anlässen gemeinsam nach. Die Wirtschaft und das Militär, alles drehte sich noch immer ums Pferd, auch wenn ihm langsam in der Dampflokomotive und später im Automobil Konkurrenten erwuchsen.

Franz Josef bekam im September 1906 bei den Kaisermanövern in Teschen erstmals den neuen Panzerspähwagen der Daimler-Werke zu sehen. Dieser erste Panzer der Welt hätte sich 1914 bestimmt kriegsentscheidend bewährt, wäre damals in Teschen nicht ein Missgeschick passiert: Als nämlich der Motor des Panzers gestartet wurde, scheuten die Pferde der hohen Militärs so sehr, daß einer der Offiziere sogar abgeworfen wurde, worauf der allerhöchste Kriegsherr meinte, das neue Gefährt sei für das Militär unbrauchbar. Im selben Jahr 1906 warf Franz Josef anlässlich der 6. Internationalen Automobilausstellung in der Wiener Gartenbaugesellschaft einen ersten genaueren Blick auf die frühen Automobile. Zwei Jahre später wurden ihm vom Automobil-Club anläßlich seines 60jährigen Regierungsjubiläums zwei Kraftwagen geschenkt, die er fortan häufig benützte, was den Leibkutscher Walter sehr kränkte. Seiner ersten Ausfahrt in einem Automobil konnte der Monarch allerdings noch nicht viel abgewinnen: Als König Edward VII. im Sommer des Jahres 1908 auf Besuch bei Kaiser Franz Josef in Bad Ischl weilte, schlug er diesem eine Spazierfahrt in die malerische Umgebung vor. Der alte Herr konnte nicht ahnen, daß ihm der britische Lebemann Edward eine listige Falle gestellt hatte: Als der Kaiser nämlich mit seinem hohen Gast aus dem Hotel Elisabeth trat, wo dieser logierte, fand er sich mit einem der neumodischen Automobile konfrontiert, die er bis dato ängstlich gemieden hatte. Nun gab es aber kein Zurück, und so musste er neben dem König der Briten Platz nehmen und sich stundenlang von den 50 stampfenden Pferdestärken des Wagens aus der Manufaktur Züst durchbeuteln lassen. Mit rund 30 km/h fuhr man im Konvoi an den Attersee, gefolgt von der Tochter des Kaisers, Gisela, mit ihrem Sohn. Später danach befragt, meinte der Kaiser, dem bekanntlich nichts erspart blieb: „Die Automobilfahrt war ja ganz angenehm, aber meine Lipizzaner sind mir lieber."

„Der Kaiser" war ein Symbol für Beständigkeit und ein Garant der ewigen Ordnung.

In der Folge wurden dennoch Automobile verschiedener Fabrikation angeschafft oder als Geschenke erhalten, sodass man im Jahre 1914 über nicht weniger als 13 Hofautos verfügte, die bei militärischen und protokollarischen Anlässen Verwendung fanden. Berühmt wurde der Gräf & Stift-Wagen, welcher an Erzherzog – später Kaiser – Karl und seine Gemahlin Zita überging und deren abenteuerliche Flucht und Exilation mitmachte. 1974 wurde er auf einer Versteigerung des Auktionshauses Christie's in Genf von seiner Erzeugerfirma zurückgekauft und steht heute auf Schloss Kremsegg in Niederösterreich als Ausstellungsstück.

Sein Nachfolger Erzherzog Franz Ferdinand wurde Opfer des Attentats von Sarajevo.

Der nicht minder berühmte Markengefährte aus dem Besitz des Grafen Harrach, in welchem der Thronfolger Franz Ferdinand und seine Gemahlin Sophie ermordet wurden, steht heute im Wiener Heeresgeschichtlichen Museum.

Es wäre undenkbar, dieses Kapitel zu beschließen, ohne einen ausführlichen Bericht über die berühmte Pferdeleidenschaft der Kaiserin Elisabeth abzugeben. Sie war die weitaus prominenteste Exponentin des Hauses Habsburg im Sattel.

Sisi – die Kaiserin im Sattel

Possenhofen in Bayern war die Sommerresidenz jenes Zweiges der Wittelsbacher Dynastie, dem die spätere Kaiserin Elisabeth entstammte. Hier, im kleinen Schloss am Ufer des Starnberger Sees, verbrachte die vielköpfige Familie unter dem energischen und unkonventionellen Herzog Max den warmen Teil des Jahres. In den Wintermonaten hielt man sich im Münchener Palais Max auf, wo Sisi auch am Weihnachtsabend 1837 geboren wurde. Sie hatte bei der Geburt bereits einen Zahn, was in Bayern als Zeichen für ein glückliches und außergewöhnliches Leben gewertet wurde. Man sollte aber nicht allzu viel auf solche Prognosen geben, denn obwohl sicher ungewöhnlich, war ihr Erdendasein späterhin kaum glücklich zu nennen.

Sisi wuchs jedenfalls vorerst zu einem hübschen Mädchen heran, das schon bald mit dem Vater die Begeisterung für Pferde teilte und früh von ihm zu allerhand Schabernack animiert wurde. Der Exzentriker Max, dem die Jagd, das Bergsteigen und exotische Vergnügungen weit mehr bedeute-

Schon als Mädchen war Elisabeth (Sisi) eine überaus talentierte und elegante Reiterin. Der Familiensitz Possenhofen am Starnberger See ermöglichte der Familie prägende Naturerlebnisse – auch zu Pferd.

Sisis Eltern, Herzogin Ludovika und Herzog Max in Bayern.

ten als höfische Etikette, genoß die ungestüme Natürlichkeit seiner Tochter. Auch Mutter Ludovika hatte kaum gesellschaftliche Ambitionen und bestand sogar darauf, entgegen jeglicher Konvention ihre Kinder selbst zu erziehen. In diesem Umfeld aus häuslicher Verbundenheit und sorglosem Wohlstand gediehen die acht Kinder zu prächtigen Wildfängen heran, die zwar nur geringes akademisches Interesse zeigten, jedoch umso lebensfroher und tüchtiger schienen.

Sisis ganze Leidenschaft galt den Tieren. Ihr Vater fand Gefallen an ihrer Pferdebegeisterung, die er mit seiner Tochter teilte. Von ihm lernte das Mädchen, auf den Kruppen eines dahinpreschenden Gespannes zu stehen – ein viel akklamiertes Kunststück für eine junge Adelige, das als sogenannte Ungarische Post heute oft als Zirkusnummer gezeigt wird.

Stundenlange, wilde Ausritte und waghalsige Sprünge in der Umgebung des Starnberger Sees waren an der Tagesordnung, und bereits mit 15 Jahren wurde die inzwischen strahlend schöne Sisi vom Maler Karl von Piloty im Damensattel auf einem prächtigen Braunen vor Possenhofen porträtiert. Noch im selben Jahr, 1853, verliebte sich der junge Kaiser Österreichs, Franz Josef I., in sie – und das Schicksal nahm einen sonderbaren Verlauf.

Sisi und ihr Vater Max

... waren rechte Rossnarren. Herzog Max soll öfter gesagt haben: „Wenn mir net Herzöge wern, wern mir Kunstreiter g'worn." Er entstammte einer Wittelsbacher Seitenlinie, Zweibrücken-Gelnhausen, war der Sohn einer Brüsseler Prinzessin von Aremberg und trug den offiziellen Titel Herzog in Bay-

So mag es ausgesehen haben, wenn Sisi ihre weiten Ausritte in die freie Natur unternahm.

ern. Während seines langen Lebens (1808–1888) zeigte er sich als jovialer, volksnaher Fürst, der jeglicher steifen Etikette abgeneigt war. In jungen Jahren bereiste er England, Frankreich, Belgien, die Schweiz, Italien und den Orient. Für die Reiterei und die Jagd hatte er viel übrig, ließ sich sogar in seinem bekannten Münchner Palais Max in der Ludwigstraße einen „äußerst bequem eingerichteten Reit-Circus im dritten Hofe" einrichten, in dem er und seine Familie – allen voran natürlich Sisi – die Gäste mit Reitkunststücken unterhielten. Er besaß auch eine umfangreiche und prächtige Kollektion von Kutschen und förderte den modernen Wagenbau der Biedermeierzeit. Später im Leben hielt er sich oft und gerne am Wiener Hof auf.

Schon bei ihrer spektakulären Heirat geriet die junge Frau in einen Wirbelsturm der Gefühle, denn sie wurde völlig unvorbereitet und viel zu jung in eine Umgebung verpflanzt, die ihrem Naturell widersprach. In dieser Lage fand sie in den Pferden und der Reiterei jene Sicherheit und Ablenkung, die ihr möglicherweise halfen, ihre persönlichen Probleme zu lindern, wenn auch nicht völlig zu meistern. Verwandte Seelen verstehen einander auch ohne große Worte. Die höchst sensible Kaiserin war nicht nur eine technisch brillante Reiterin, sondern hatte auch jenen besonderen Draht zu Pferden, welchen nur wenige Menschen besitzen. Während sie in ihren zwischenmenschlichen Beziehungen oft oberflächlich und rücksichtslos agierte, schien sie mit Tieren auf einer besonderen Wellenlänge zu kommunizieren.

England und Irland boten der Kaiserin später beste Möglichkeiten zum Jagdreiten.

Schwierige, ja gefährliche Pferde unterwarfen sich der zarten Frau widerstandslos. Bekannt wurde jene Episode auf dem Gestüt des Grafen Festetics, bei der Elisabeth ihre erstaunlichen Fähigkeiten bewies. Man wollte einen wertvollen, aber gefährlich bösartigen Hengst erschießen, der bereits drei Männer getötet und einige weitere schwer verletzt hatte. Als Elisabeth davon zufällig erfuhr, eilte sie zum Gestüt und bestand zum Entsetzen aller darauf, die Box des Pferdes zu betreten. Sie redete auf den Hengst ein, streichelte ihn und ließ ihn schließlich satteln. Widerstandslos erlaubte das Pferd der Kaiserin aufzusteigen und fügte sich ihr völlig. Der Vorgang wiederholte sich über einige Tage und schließlich konnte der Hengst als gezähmt wieder von anderen Personen betreut werden, sodass man von seiner Schlachtung Abstand nahm.

Den manchmal tollkühnen Reitabenteuern der Kaiserin, die als Europas beste Reiterin galt, mag auch das Bedürfnis zugrunde gelegen haben, die eigenen Grenzen der Courage und Selbstüberwindung zu finden. Während eines Urlaubs im französischen Schloss Sassetot erlebte sie einen furchtbaren Sturz, der anfänglich sogar lebensgefährlich schien. Kaum genesen, schrieb die Kaiserin an ihren Mann: „Auf solche Unfälle sind wir doch immer gefaßt. Ich lege meinen Stolz darein zu zeigen, dass ich eines solchen Rumplers wegen das Herz nicht verloren habe."

Bereits kurz danach ritt sie unter großem Aufsehen im Pariser Bois de Boulogne und sprang dort über einige hohe Barrieren. Sie hatte zwar eine

Dieses Foto zeigt die Reitmode und das Sattelzeug der schönen Kaiserin zu Pferd.

Einladung des Präsidenten aus Gesundheitsgründen abgelehnt, doch dann der Verlockung des Reitens nicht widerstehen können. Was zwang die schöne, kluge Frau dazu, ständig aller Welt zu demonstrieren, daß sie bereit war mehr zu riskieren als jede andere? Beinahe meint man, auch eine leise Todessehnsucht oder zumindest -ahnung schon in diesen frühen Episoden zu erkennen. Denn als man ihr wegen des politisch brisanten Vorfalls in Paris Vorhaltungen machte, antwortete sie: „Ihr wollt, ich soll nicht mehr reiten. Ob ich‘s tue oder nicht, ich werde so sterben, wie es mir bestimmt ist.“

Sisi war auch abergläubisch und trug nach dem Sturz in Sassetot ein geweihtes Medaillon mit einer winzigen Abschrift des 21. Psalmes um den Hals, das ihr der besorgte Erzieher ihrer Tochter, Erzbischof Rùnay, geschenkt hatte.

Mut und Können zeichneten die Kaiserin im Sattel aus. Sie hatte ihre Reitausbildung ständig vorangetrieben und durch die ihr offenstehenden Möglichkeiten eine seltene Perfektion erreicht. In der Dressur erhielt sie Unterricht von den Oberbereitern der Spanischen Hofreitschule bis hin zu den Lektionen der Hohen Schule, einschließlich der Schulen über der Erde. Sie konnte Piaffe, Passage und auch Levade perfekt reiten und soll sich sogar in den schwierigeren Schulsprüngen versucht haben.

Besonderen Spaß hatte Sisi aber an zirzensischen Kunststücken und dem Einüben derselben. Zu diesem Zweck ließ sie dem ungarischen Landsitz Gödöllö eine Zirkusarena anbauen, in der sie – gerne mit Arabern oder Ponys, wie dem berühmten Paar Flick und Flock – unter der Anleitung der besten Fachleute trainierte. Dazu Elisabeths Nichte Marie: „Es bot einen reizenden Anblick, wenn die Tante in ihrem schwarzsamtenen Kostüm ih-

„Merry Andrew" war eines der irischen Lieblingspferde der Kaiserin.

ren kleinen Araber im Tanzschritt um den Ring führte. Für eine Kaiserin freilich eine etwas ungewöhnliche Beschäftigung." Und Prinzessin Valerie erzählte ihrem Onkel Luitpold von Bayern voller Stolz, daß ihre Mutter nun schon zu Pferd durch zwei Reifen springen könne.

Als Lehrmeisterinnen engagierte die Kaiserin zwei der besten und bekanntesten Zirkusreiterinnen ihrer Epoche, Emilie Loiset und Elise Petzold (Renz genannt). Besonders Letztgenannte genoss ein freundschaftliches Naheverhältnis zur Kaiserin und wurde von dieser zu den vornehmsten Jagdgesellschaften eingeladen – wie dies in Reiterkreisen üblich war und ist; Standesdünkel werden durch die Pferde oft abgebaut. Gerade diese informelle Lebensart im Kreise anderer Pferdefreunde entsprach dem Wesen der Sisi weit mehr als das steife Protokoll bei Hofe. Der allzu frühe Tod der Elise Renz durch einen Unfall in der Manege – sie starb 25-jährig – traf die Kaiserin sehr hart, denn damit verlor sie eine der wenigen Personen ihres Vertrauens.

Ein Reitunfall der Kaiserin wäre beinahe tödlich ausgegangen und nur ein glücklicher Zufall rettete ihr Leben. Eines Sommertages in den späten 70er Jahren unternahm der ungarische Adelige Janos de Szaak eine Spazierfahrt in einem Waldgebiet nahe bei Schloss Gödöllö. Plötzlich hörte er rasenden Hufschlag und die Hilfeschreie einer Frau. De Szaak sprang aus dem Wagen, lief den sich nähernden Geräuschen entgegen und sah ein durchgehendes Pferd, das eine Frauengestalt am Steigbügel des Damensattels nachschliff. Die inzwischen scheinbar leblose Frau war bereits verstummt, als sich de Szaak dem Durchgeher in den Weg werfen und ihn am Zügel zurückreißen konnte. Mühevoll befreite er den Fuß der Reiterin aus dem Bügel, brachte die zum Glück noch lebendige Frau in sein nahes Landhaus und ließ sie versorgen. Dort erst erkannte er sie – es war Sisi. Nach ihrem Erwachen aus der Bewußtlosigkeit rief sie de Szaak zu sich und dankte ihm. Der Kaiser ließ je ein Paar kostbare Rappen und Schimmel als Dank an ihn überstellen und bat um Stillschweigen, das de Szaak auch bis zu seinem Tode 1934 wahrte.

Die Reitunterhosen der Sisi waren bemerkenswert, will man einem Legendchen glauben. Sie verstießen eklatant gegen die damalige Etikette, denn der Konvention folgend hatte eine Dame von Welt spezielle Unterröcke unter dem Reitkleid zu tragen. Sisi fand dies jedoch unpraktisch oder unbequem und trug unter dem enganliegenden Reitkleid nach englischer Mode nur ein Paar feinster hirschlederner Reithosen. Diese mussten der gertenschlanken Kaiserin so eng wie irgend möglich am Körper anliegen, um keine lästigen Falten zu werfen. Deshalb ließ sich Sisi täglich von ihren Ankleiderinnen in die Beinkleider einnähen – unsd will man der Geschichte glauben, auch in das Reitkleid. Die Kaiserin pflegte noch einige Marotten, wie zum Beispiel jene, ständig einen schwarzgelben Fächer zu tragen, den sie selbst im Sattel mitführte. Mit diesem verbarg sie ihr Gesicht vor neugierigen Blicken und den Linsen der Fotografen. Ritt sie heftig pullende Pferde, so trug sie manchmal zwei Paar Reithandschuhe übereinander, um ihre Hände vor Blasen zu schützen.

Jagdreiten – ja Reiten überhaupt – war ein adeliges und kostspieliges Vergnügen.

Reisefieber und Jagdlust waren ihr wohlbekannte Gefühle. Sie wich dem Wiener Hof aus, sooft es eben ging und flüchtete vor den höfischen Intrigen in die Gesellschaft sportbegeisterter Pferdefanatiker. Auf den Ländereien des Landsitzes Gödöllö hielt man Jagden nach englischem Muster ab, zu denen die schneidigsten und charmantesten Reiter der Monarchie gebeten wurden. Der „Schöne Rudi" Liechtenstein, „Sport-Niki" Esterházy, Elemér Batthyány und viele andere Mitglieder des pferdenärrischen Adels scharten sich um die charismatische Schönheit, die hier dem Reiten und dem Amusement uneingeschränkt den ersten Rang einräumte. Sisi ritt geradezu halsbrecherisch und wählte ihre Gäste und Freunde nicht nach dem sozialen Status, sondern nach deren Reitkenntnissen aus.

Bald wurde ihr die ungarische Ebene zu langweilig, sie wollte sich mit den besten Jagdreitern Europas, unter denen sich auch etliche Österreicher befanden, in England, der Heimat der Fuchsjagd, messen. Um sich optimal auf die Anstrengungen und Anforderungen vorbereiten zu können, wurde 1875 das französische Schloss Sassetot gemietet, denn dort konnte man weit besser als in Ungarn trainieren. Hier soll auch ein bemerkenswerter Zwischenfall stattgefunden haben: Nachdem die Reitergruppe um Sisi mehrmals rücksichtslos über angebaute Felder geritten war, stellte sich ein Bauer der Kaiserin in den Weg und packte ihr Pferd am Zügel. Erbost schnautzte er die Kaiserin an, daß dies in Frankreich nicht üblich sei und sie dorthin zurück-

Sisi war als beste, mutigste und schönste Reiterin ihrer Zeit weltweit berühmt.

gehen solle, wo sie hergekommen sei. Überraschenderweise gab es keinen Skandal, vielmehr erhielt der Mann einen schönen Batzen Geldes, ebenso auch die übrigen Anrainer, die fortan sämtliche Schäden geflissentlich tolerierten.

Auf die schweren Fuchsjagden hinter englischen Meuten bereitete sich Sisi in Ungarn und Frankreich, aber auch auf der Wiener Rennbahn Freudenau vor. Sie ritt täglich mehrere Stunden und übte das Springen über hohe natürliche Hindernisse aus vollem Galopp. Die Wiener ließen sich das Schauspiel nicht entgehen und strömten in hellen Scharen in den Prater, um ihre schöne Kaiserin zu Pferd zu bewundern. Sisi war das unangenehm, sie hasste jegliche Art von Aufmerksamkeit und zog sich immer häufiger nach Gödöllö und England zurück.

Die Serie ihrer jährlichen Jagdausflüge ab 1874 nach England und Irland trug ihr bei der dortigen Bevölkerung viele Sympathien ein, denn man bewunderte ihre Reitkunst und ihren Schneid grenzenlos. In Wien wurde hingegen heftiger Unmut über ihre demonstrative Abwesenheit und die Geldverschwendung laut – was sie natürlich ignorierte. Als ihr offizieller Pilot wurde der beste aller britischen Jagdreiter, der arrogant-mürrische Bay Middleton, engagiert. Anfänglich brüsk und ablehnend, entwickelte der rothaarige Landjunker zur Kaiserin ein besseres Verhältnis, sobald er erkannte, daß sie ihm im Sattel ebenbürtig war. Er wurde prompt nach Gödöllö eingeladen, litt dort aber unter der Eifersucht der ungarischen Favoriten

Reiten im Damensattel, also im Seitsitz, erfordert besonderen Mut.

der Königin und reiste bald wieder ab. In England und Irland aber führte er sie in unzähligen der schwersten Jagden mit großer Freude und unter Einsatz seines ganzen reiterlichen Könnens über die formidablen Hindernisse. Man sagte den beiden ein Naheverhältnis nach, was jedoch nie bewiesen wurde. Sie scheinen ganz einfach zwei pferdebegeisterte Sportreiter gewesen zu sein, die eine tiefe Freundschaft verband.

Middleton heiratete schließlich seine langjährige Verlobte und konnte deshalb die Kaiserin nicht mehr pilotieren. 1882 gab sie, enttäuscht und gesundheitlich angeschlagen, die Jagdreiterei völlig auf und löste ihre kostbaren Ställe in England und Irland auf. Damals berichtete die „Neue Freie Presse" quasi erleichtert, daß sich nun in den k. k. Stallungen in Ischl während des Sommers nur mehr 50 Pferde befänden, also 100 weniger als im Jahre 1837, als Kaiser Ferdinand dort weilte und zur Unterbringung der Pferde und Equipagen einige große Holzbaracken errichtet werden mussten. Es folgten nur mehr zwei Kuraufenthalte in englischen Badeorten.

Sisi war unglaublich sensibel, auch in der Kommunikation mit Pferden.

Je seltener ihre Ritte wurden, je kürzer die Stunden im Sattel, desto mehr ergriff eine manische Unruhe die nun alternde Kaiserin. Körperlich zwar von erstaunlicher Ausdauer, wurde sie immer eigenbrötlerischer und verbrachte nun ihre gesamte Zeit auf Reisen. Wie auch ihr Mann blieb sie zeitlebens an Pferden und deren Zucht interessiert. Mit Middleton hielt sie einen geheimen Briefwechsel aufrecht, allerdings vernichtete dessen Witwe die Korrespondenz nach dem tödlichen Reitunfall ihres Mannes. Er brach sich 1892 bei einer Jagd das Genick. Sisi, depressiv und krank, begab sich 1898 nach Genf, wo ein Anarchist namens Luccheni mit einer spitzen Feile auf ein Opfer wartete ...

VI. Staatskarossen und Fiaker

Der Galawagen des Bischofs von Olmütz zählt zu den prächtigsten Karossen der Welt.

Im 17. Jahrhundert wurde klar, daß der Aufwand, welcher mit der Zurschaustellung eines prächtigen Vierer- oder Sechserzuges, einer vergoldeten Prunkkarosse und etlicher livrierter Lakaien und Kutscher verbunden war, weit mehr zu beeindrucken vermochte, als ein bloßes Reitpferd. Man wandte sich also vermehrt der Selbstdarstellung mittels Prunkgefährten zu, obwohl das in der Hohen Schule ausgebildete Reitpferd noch immer zu den Paraphernalia des Adels gehörte; nun allerdings nicht mehr so sehr in der breiten Öffentlichkeit, sondern eher auf der Jagd oder bei reiterlichen Festen. Die gekrönten Häupter ließen sich fahren, langsam und huldvoll, distanziert durch die Scheiben winkend, entrückt und dennoch beinahe greifbar.

Rappen aus bischöflicher Zucht waren begehrte Zugtiere für den hohen Klerus.)

Mit der neuen Mode entstanden auch die schönsten Beispiele höfischer Wagenbaukunst, so etwa der Imperialwagen der Habsburger, die Golden State Coach des englischen Königshauses oder der portugiesische Krönungswagen, neben vielen anderen. Der Klerus hinkte nicht nach – bei der Krönung des Franz Stephan von Lothringen zum Deutschen Kaiser 1745 blieb sein eigener Fuhrpark im Vergleich zum 30 Karossen umfassenden Korso des Erzbischofs von Trier nahezu unbedeutend.

Ein Kaiser auf Reisen

Von Kaiser Karl VI. ist im Zusammenhang mit Pferden hier schon öfter die Rede gewesen. Er stärkte durch die Erbauung der Spanischen Reitschule und der Hofstallungen in Wien die Verbundenheit mit edlen Pferden nach spanischem Zeremoniell. Selbst ein eifriger Jäger und Reiter, hatte er seine prägenden Jahre in Spanien verbracht und von dort die Begeisterung für pompöse equestrische Selbstdarstellung mitgebracht. Weniger bekannt ist, daß er daneben durchaus die praktischen Implikationen des anwachsenden Verkehrswesens erkannte und den Straßenbau nach Kräften fördern ließ. Dies mag ein Resultat seiner eigenen, ausgedehnten Reisetätigkeit gewesen sein, welche ihn in mühevollen und langwierigen Fahrten durch weite Teile des Reiches führte. Im Sommer 1723 trat er die Krönungsfahrt nach Prag an, auf der ihn seine Familie und der Hofstaat begleiteten. Es wurden 125 schwere und 321 leichte Wagen verwendet, 1788 Pferde benutzt, und der Troß benötigte 12 Tage für die Strecke Wien-Prag.

Im Jahre 1728 beabsichtigte Karl eine ausgedehnte Rundreise durch die südlichen Kronländer. Damals war die Semmering-Straße der wichtigste Verbindungsweg zur Adria, allerdings noch ein Karrenweg, der besser für Saumpferde, denn für kaiserliche Karossen geeignet war. Die Pläne für eine Neutrassierung waren vorhanden, doch es mangelte an den Mitteln, sie rasch umzusetzen. Nun aber gab es kein Zögern, denn die kaiserliche Familie sollte standesgemäß reisen können. In angeblich 48 Tagen war die neue Bergstraße fertig und der Kaiser konnte ungehindert und guter Dinge das Mittagsmahl im Posthof von Schottwien einnehmen. In Graz stieg er trotz strömenden Regens auf ein Paradeross, um den Einzug würdig vollziehen zu können. Nach etlichen weltlichen und kirchlichen Festivitäten ging für Karl die Reise über Wildon um die Koralpe herum nach Klagenfurt, wo der Kaiser in der Kutsche einzog, die Erbhuldigung allerdings wider jeglichen Brauch zu Pferd und nicht zu Fuß entgegen nahm. Seine Gemahlin blieb mit der kleinen Maria Theresia unterdessen in Graz.

Auf dem gefährlichen Wege von Klagenfurt nach Laibach musste der Loiblpaß überwunden werden, der die Karawanken seit vorgeschichtlicher Zeit passierbar macht. Allerdings war nun statt des früheren, einsturzgefährdeten Tunnels ein künstlicher Einschnitt angelegt und der Wildbach aus dem Bodental mit der berüchtigten Teufelsbrücke überspannt worden. Karl zog

Ein prachtvoller Viererzug Kladruber Schimmel paradiert im hohen Trab in Schloss Hof.

Prellstein und Wagenrad – Relikte aus früheren Zeiten …

es jedoch vor, die Berge zu Pferd zu überwinden. Nach Görz ging es weiter und dann nach Lipizza, denn der hohe Herr ließ sich die Gelegenheit nicht entgehen, das Hofgestüt und seine wunderbaren Pferde persönlich in Augenschein zu nehmen. Der restliche Teil der Reise verlief unplanmäßig schnell, nicht zuletzt dank der instandgesetzten Straßen im Reich.

1732 ging es zur Kur nach Karlsbad in Böhmen. Inzwischen hatte selbst der Kaiser einsehen müssen, daß die Reisekosten möglichst gering zu halten waren. Deshalb ging man mit nur 109 Wagen auf die Fahrt, für die 227 Kutscher und Vorreiter nötig waren. Man ließ auch die kaiserlichen Pferde im Marstall zurück und begnügte sich mit ordinären Postgäulen; diese hatten die Posthalter in den Wechselstationen bereit zu halten, insgesamt 642 Tiere. Die Reise verlief – die Postpferde waren wohl ausdauernder als die kaiserlichen Paradehengste – in nur vier Tagen, anstatt derer zwölf, bei einem Tagesdurchschnitt von 75 km. Reitpferde, welche den höfischen Ansprüchen genügt hätten, gab es jedoch kaum, sodaß man die benötigten 69 Tiere lieber aus Wien mitnahm.

König Friedrich-Wilhelm wünschte den Kaiser zu treffen und reiste deshalb eigens aus Sachsen an. Man wählte für die Zusammenkunft einen intimen Ort, nämlich das Hofgestüt Kladrub an der Elbe, von wo der Wiener Hof seine prachtvollen Wagenpferde bezog. Das Treffen der beiden Herrscher verlief jedoch wenig erfolgreich. Karl war höflich-distanziert, und der treffliche Prinz Eugen von Savoyen musste den Soldatenkönig an seiner Stelle unterhalten.

Jede diplomatische Vertretung verfügte über einen eigenen Fuhrpark, die sogenannten Botschaftswagen, welche der Repräsentation der politischen Gesandten an den jeweiligen Fürstenhöfen dienten. Diese Gefährte standen im diplomatischen Dienst und genossen daher ebenso wie ihre Benutzer diplomatische Immunität. Auch war genau festgesetzt, über wieviele Gefährte eine diplomatische Vertretung bei den einzelnen befreundeten Höfen verfügen durfte oder musste.

Der Adel legte nun größten Wert auf standesgemäße Ausstaffierung der Gefährte, die Wagenkästen erlaubten durch hohe Fenster gute Sicht auf die Insassen, die Kutscher und Diener waren tadellos herausgeputzt und in der Livree des jeweiligen Hauses weithin erkennbar. Besonders die Pferde waren von Bedeutung, denn wer auf sich hielt, der wollte nur bestes Material verwenden, ähnlich wie heutzutage, da auch nur einige noble Automobilmarken für die Repräsentation in Frage kommen. Man kaufte daher bevorzugt spanische, norddeutsche oder italienische Pferde aus Zuchtgebieten mit hohem Anteil iberischer Blutführung, die als Garant für Noblesse und Imposanz der Bewegung galt. Besonders die Pferde aus Neapolitaner Zucht waren begehrt, denn sie verfügten über ein beeindruckendes Exterieur mit prächtigem Langhaar, über erhabene Gänge von exquisiter Langsamkeit und große Kraft. Die kirchlichen Gestüte vor allem in Italien, aber auch in Böhmen und Salzburg, förderten diese Pferderasse und stellten sie auch weltlichen Fürstenhäusern zur Verfügung. Auch dänische und holsteinische Pferde waren beliebt, die auf ihren fruchtbaren Niederungsweiden eine

Franz Xaver Wagenschön bemalte den Wiener Imperialwagen – nomen est omen.

Die höfische Pferdezucht erreichte im 18. Jahrhundert ihren Höhepunkt; die staatliche im 19. Jahrhundert.

kräftige Statur erreichten und aufgrund ihrer spanischen Ahnen mit allen gesuchten Attributen aufwarten konnten. Die begehrten Knabstruper und Frederiksborger aus Dänemark waren weit über die Landesgrenzen hinaus bekannt, desgleichen auch die mächtigen Holsteiner aus der Zucht des herzöglichen Hauses in Esserom. Dort hatte man seit langem mit spanischen, neapolitanischen und heimischen Pferden einen prächtigen Schlag nobler Karossiers vermehrt.

Im Zeitalter des Barock gehörten höfische Prunkentfaltung, spanisches Hofzeremoniell und galanter Luxus zur Tagesordnung, und überall war das Pferd, entweder unter dem Sattel oder vor den Kutschen der Mächtigen, mit dabei. Im späten 18. Jahrhundert zeigten sich Adel und wohlhabendes Bürgertum gerne in luxuriösen Gefährten. Doch nun wollten die Eigentümer immer öfter selbst lenken, als Zugeständnis an den aus England herüberdringenden Sportsgeist. Es wurde chic, sich als Herr und Lenker oder sogar Lenkerin eines flotten Gespannes zu zeigen, so wie man sich heute gerne am Steuer eines Luxusautomobils präsentiert.

Im Alltagsverkehr änderte sich mit der Wende zum 19. Jhdt. manches, denn im Schatten der französischen Revolution, der napoleonischen Kriege und der ihnen folgenden Ernüchterung geriet die Prunksucht ins Vergessen. Anstelle übertriebener Zeremonien, sündteurer Feste und endloser Prozessionen trat nun eine mehr private Art des Vergnügens. Man fuhr im Kreise der Familie oder der Freunde aufs Land, man zeigte sich nach englischer Mode, die auch Pferde und Gefährte erfasste, in schlichter Eleganz. Dazu verwendete man nun auch keine überreich beschnitzten Karossen, sondern leichte Gefährte und elegante, sportliche Gespanne. Livreen und Geschirre paßten sich dem biedermeierlichen Zeitgeist an, eine zurückhaltende Schlichtheit der Linienführung und praktische Formen zogen ein. Vor allem beim Überlandverkehr bewährten sich die neuen, praktischen Gefährte englischen Zuschnitts, denn die Straßen ließen allgemein noch zu wünschen übrig und eine gute Federung war von Vorteil.

Damals wurde es zur Regel, daß nur Angehörige des Erzhauses mit sechs Pferden zu drei Paaren fuhren. Offenbar wollte man die Höchstzahl der Pferde in privaten Gespannen auf maximal vier reduzieren. Angeblich kam es diesbezüglich sogar zu einem kaiserlichen Erlass. Dieser hatte offenbar eine Lücke, denn es blieb erlaubt, sechs Pferde einzuspannen, solange sie nicht paarweise hintereinander gingen. Der berühmte ungarische Graf Sándor fühlte sich durch dieses Diktat in seiner persönlichen Entfaltung eingeschränkt und fand rasch eine Lösung. Er spannte seine Kutschpferde im sogenannten Wildgang an: vier Pferde wurden nebeneinander voraus gespannt, dahinter liefen zwei Pferde als Paar an der Deichsel. Diese Art der Anspannung wirkte sehr dekorativ, erforderte großes fahrerisches Können und war vor allem legal. Sándor hatte somit dem Kaiser ein Schnippchen geschlagen und eine Mode kreiert, die sogar auf den Hof übergreifen sollte, wie ein Gemälde von 1853 beweist.

Die alltägliche Interimsanspannung war schlicht und dennoch elegant.

Mit dem Fiaker durch Wien

Der berühmteste aller Fiakerkutscher war Josef Bratfisch (1847–1892), der tatsächlich so hieß und dessen Spitzname „Nockerl" heute längst vergessen ist. 1887 arrangierte Carl Michael Ziehrer im Auftrage des Kronprinzen Rudolf eine dreitätige Lustbarkeit im Schloß Orth a. d. Donau. Die Schrammeln, der Bratfisch und einige Kollegen wurden als Musiker und Sänger eingeladen und der behäbige Fiaker mit dem dunklen Vollbart sang so schön, daß der Prinz ihm das Du-Wort antrug und ihn fortan als Leibfiaker engagierte. In dieser Position, die er zur vollsten Zufriedenheit ausfüllte, führte er auch am 28. Jänner 1889 den Kronprinzen und die blutjunge Baronesse Mary Vetsera zum Jagdschloss Mayerling. Dort gingen Rudolf und Mary in den Freitod, doch weiß man bis heute nichts Genaues über den Tathergang und die Motive. Über die Ereignisse jener Nacht schwieg der Fiaker als einziger Zeuge auch im Verhör beharrlich und nahm sein Geheimnis wenige Jahre später mit ins Grab. In ihrem Abschiedsbrief schrieb die Vetsera: „Gestern hat Bratfisch wieder ganz wunderbar gepfiffen."

Die soziale Stellung der Fiaker ist schwer zu definieren. Einerseits war man selbständiger Unternehmer oder zumindest Angestellter eines Firmeninhabers und schon berufsbedingt „fesch". Andererseits musste man jedermann zu Diensten sein und sich auch jederzeit an die gesetzlichen Verordnungen

Heute findet man Fiaker nicht nur im Zentrum Wiens, sondern auch in Schönbrunn.

Ludwig Koch stellte Altwiener Typen besonders treffend dar, auch Fiaker.

halten. Aus diesem Zwiespalt entwickelte der Wiener Fiaker eine ganz besondere, fröhliche Lebensanschauung. Auch hatten die Fuhrwerker ihre ganz typischen Unterhaltungen, zu denen neben dem späteren Fiakerball und dem Singen auch diverse Wettfahrten gehörten. Nachfolgend die Schilderung eines Volksrenntages im Prater von 1866, aus einem Zeitungsartikel von Michael Klapp (gekürzt): „Wenn das Trabwettfahren der Einspänner beendet ist, beginnt oft noch ein Fiaker-Rennen, ein so originelles Stück Sport, wie es eben nur Wien bieten kann. Da stellen sich nun zwölf tüchtige Fiaker, um ihre Wagenlenkkunst und die Tüchtigkeit ihrer Renner im Kampf miteinander zu messen, am Eingang des Praters auf. Zwölf fesche Fiaker im Lauf gegen das Lusthaus und zurück zum Praterstern aneinander vorüberstürmend, einander überholend, zwölf Fiaker im heißen Rangstreite mit sich selbst. Der Fiaker ist bekanntlich eine der ältesten, interessantesten Figuren des Wiener Volkslebens!“

Möglich wurden solche sportlichen Großtaten vor allem durch die guten Pferde, deren Leistungen jeden Fiaker mit Stolz erfüllten. Einige reiche Unternehmer hielten sich eigene Rennställe, meist mit Trabern für die volkstümlichen Rennen in der Krieau; der Galopprennsport galt als elitär. Waren am Anfang die Fiakerpferde recht minderwertige Gäule von zweifelhafter Provenienz, so wurde das Material mit dem sozialen und wirtschaftlichen Aufstieg der Zunft immer besser. Typisch waren da die ungarischen Jucker, die man als extrem schnelle, ausdauernde Kutschpferde des leichtesten Schlages bezeichnen kann. Auch reinrassige Lipizzaner leichten Typs gaben

Der typische Fiaker ist eine offene, zweispännige Kutsche und heißt in Wien „Zeugl".

schöne Juckergespanne ab; ungarische Halbaraber bewährten sich durch Härte und Eleganz; auch reinrassige, ausgemusterte Traber wurden stets gerne verwendet, nachdem diese Rasse in Europa populär geworden war. Mit diesen mächtig in die Hand gehenden, sogenannten „Schiassern" fuhr der Fiaker stets in flottem Trab und hielt die Zügel dabei nach der Wiener Art, die sich aus der ungarischen Fahrweise entwickelte.

Vom Pferdewagen zur Bahn

Vor knapp 2.000 Jahren musste das kostbare Salz noch auf dem Wasserwege oder mittels Pferdekraft von den Lagerstätten zu den Handelsplätzen gebracht werden. Für uns Heutige ist es kaum vorstellbar, dass zu Beginn des 19. Jhdts. alljährlich über 50.000 Tonnen der kostbaren Würze aus Oberösterreich nach Böhmen, Mähren und Niederösterreich transportiert wurden. Täglich machten sich durchschnittlich 350 Salzwagen auf die beschwerliche, drei- bis fünftägige Reise nach Böhmen. Schwerbeladen, wurden sie von kräftigen Zugpferden geschleppt, die sich auf der mühseligen Tour redlich abrackerten. Man überlegte, wie die pferdeverschleißende und langwierige Fahrt abzukürzen wäre und dachte vorerst an einen Donau-Moldau-Kanal, der aber nicht zustande kam.

Franz Josef von Gerstner – er hatte 1806 mit Genehmigung Kaiser Franz' I. das Königliche Ständische Polytechnische Institut von Prag gegründet – entwickelte schon im Jahr darauf die Idee einer Pferdeeisenbahn. Die Ausführung dauerte zwar noch viele Jahre, dennoch sollte sie die erste ihrer Art in Europa sein! In England hatte man schon 1804 mit der Dampfeisenbahn eine neue Ära eingeleitet, doch Österreich zeigte sich wieder einmal als Wegbereiter des Rückschritts. Nach mühsamer Projektierung durfte schließlich 1824 Gerstners Sohn Franz Anton aufgrund kaiserlichen Privilegs mit dem Bau beginnen. Die Bahnlinie konnte auf böhmischer Seite bereits 1827 in Betrieb genommen werden, im Jahr darauf wurde sie bis Leopoldschlag in Oberösterreich verlängert. Nachdem Gerstner auf dem für Europa neuen Gebiet des Eisenbahnbaus Hervorragendes geleistet hatte, befand man, daß er zu teuer sei und entzog ihm den Auftrag. Er ging nach Rußland, wo er neue Versuche im Streckenbau begann, die allerdings auch dort als zu kostspielig abqualifiziert wurden. So schrieb der berühmte Puschkin dazu an einen Freund: „Russland kann es sich nicht leisten, drei Millionen Rubel für einen Versuch hinauszuwerfen! Die Regierung soll sich nicht in das Projekt dieses Gerstner einmischen.“

Nach Gerstners Hinauswurf führte einer seiner jüngeren Ingenieure, Matthias Schönerer, den Weiterbau durch und 1832 konnte der Betrieb zwischen Budweis und Linz aufgenommen werden. Um den Salztransport noch wirtschaftlicher gestalten zu können, wurde ab 1834 mit dem Streckenbau nach Gmunden begonnen, sodaß ab 1836 das weiße Gold vom Salzkammergut nach Böhmen ausschließlich auf der Schiene transportiert werden konnte; die Gesamtstrecke betrug fast 200 km.

„Hannibal“ – der große Waggon der Pferdeeisenbahn, hier im verkleinerten Modell.

Pferdegespanne waren Statussymbole und treibende Kraft der Wirtschaft.

Insgesamt standen rund 2.000 Pferde zur Verfügung, man fuhr einspännig und spannte alle 20 km um. Natürlich war immer eine größere Anzahl von Salzwagen gleichzeitig unterwegs, jedoch konnte die eingleisige Strecke auch im Gegenverkehr befahren werden, denn es gab sogenannte Ausweichschienen, ebenfalls eine technische Neuerung. Der Wagenpark umfasste rund 1.000 Güterfahrzeuge und bald auch rund 100 Personenwagen, denn nach einer kurzen Anlaufzeit entwickelte sich auch der Personenverkehr. Im Scheitelbahnhof Kerschbaum, der für die neue Pferdeeisenbahn aufwendig renoviert wurde, konnte der Passagier sich laben; damit avancierte die Gaststätte zum ersten Bahnhofsrestaurant Europas.

Die Reise auf dem glatten Schienenstrang bedeutete einen gewaltigen Fortschritt gegenüber der holprigen Landstraße mit ihren Schlaglöchern. Der Zeitgewinn war ein weiterer Vorteil, denn nun dauerte die Fahrt von Linz nach Budweis (oder umgekehrt) nur mehr 14 Stunden. Damit trat man jedoch in Konkurrenz zur kaiserlichen Post, die zwar mit ihren Briefeilposten, Extraposten und der noch schnelleren couriermäßigen Beförderung neue Streckenrekorde aufstellte, sich aber dennoch durch die neue Schienenbahn in ihrem monopolähnlichen Betrieb bedroht fühlte. Man hatte die neue technische Entwicklung des Schienenverkehrs beinahe verschlafen, und die Pferdeeisenbahn drohte der Postkutsche den Garaus zu machen. Neue Pferdebahnstrecken entstanden, die als zukunftsweisende Verkehrsvisionen erschienen, und es war eine bloße Zeitfrage, wann die Dampfeisenbahn folgen würde. Man wehrte sich umgehend durch negative Propaganda, öffentliche Denunzierung und den hastigen Ausbau der herkömmlichen Postrouten. Schließlich wurde 1838 ein neues Postgesetz verabschiedet, das die friedliche Koexistenz von Bahn und Post regelte und beiden Unternehmensgruppen gewisse Vorteile und Bereiche zusprach. Und nicht zu früh: Schon 18 Tage nach dem Inkrafttreten des Gesetzes eröffnete man die erste Dampfeisenbahnstrecke zwischen Floridsdorf und Wagram.

Somit wurde die Pferdeeisenbahn beinahe schon während ihres Baues von der Entwicklung der Dampflokomotive überholt: Am 15. Dezember 1872, nur 45 Jahre nach der Eröffnung, fuhr der letzte pferdegezogene Zug in Lest ein und der Betrieb wurde eingestellt. Von der stattlichen Anzahl der Wagen blieb nur mehr einer übrig, der gewaltige, an eine Postkutsche erinnernde Hannibal, dessen letzter Standort das Technische Museum Wien ist.

Doch heute rollt sie wieder, denn man hat die Strecke teilweise revitalisiert, rund um den Bahnhof Kerschbaum ein lebendiges Museum eingerichtet und auch den Hannibal wieder zum Leben erweckt. Er wurde durch den Wagnermeister Florian Staudner nachgebaut und die Replik zur Eröffnung des Museumsprojektes ins Mühlviertel gebracht. Dort sind die Angestellten in historischen Kostümen bemüht, dem Besucher ein komplettes Bild aus den Tagen der Pferdeeisenbahn zu vermitteln, daneben kann man auf Teilstrecken das Reisegefühl von anno dazumal erleben – inklusive der gastronomischen Schmankerln im Bahnhofslokal.

Ein italienischer Postwagen kommt nach Graz, auf den Spuren der alten Postlinie Wien-Triest.

Literaturnachweis

Allmayer-Beck, Johann: Die K.(u.)K.-Armee, Wien 1974

Ausstellungskatalog: Des Kaisers Reiterei, Schloss Hof 1998

Behringer, Wolfgang: Thurn und Taxis, München 1990

Binnebös, Walter: Galoppsport in Wien, Wien 1980

Brabenetz, Hans: Das k. k. Staatsgestüt Radautz, Gerlikon 1987

Brüch, Oskar (komm. Dirrheimer): Das k.u.k. Heer 1895, Graz 1997

Das Hofstallmeisteramt (Hrsg.), Kurzer Führer durch die K. und K. Hofmarställe, Wien 1910

Dienstbetrieb im k. u. k. Hofstalle, Wien 1907

Dossenbach, Monika und Hans: Ungarns Pferde, Bern 1976

Erdödy, Graf Rudolf: Das Vollblutpferd, Wien/Innsbr./Wiesbdn. 1957

Ernst, Jósef: Alte ungarische Kutschen, Budapest, o. J.

Forsthuber, Gerhard: Von der Salzstraße zur Schienenbahn, Linz 1997

Gassebner, Hermann: Die k. k. Pferdezucht in den Kronländern, Wien 1896

Hackl, Ernst: Der Bergtarpan der Waldkarpaten, genannt Huzul, Wien 1938

Hamann, Brigitte/Hassmann, Elisabeth: Elisabeth – Stationen ihres Lebens, Wien/München 1998

Handler, Hans: Die Spanische Hofreitschule zu Wien, Wien 1972

Hecker, Walter: Bábolna und seine Araber, Gerlikon 1994

Herm, Gerhard: Glanz und Niedergang des Hauses Habsburg, Düsseldorf-Wien 1994

Herzig, Max (Hrsg.): Das Buch vom Kaiser, Wien-Budapest-Leipzig 1898

Jubiläums-Jahrbuch der Österr. Campagnereiter-Gesellschaft, Wien 1952

Kapitzke, Gerhard: Die Staatsgestüte, München 1979

Koch, Ludwig: Die Reitkunst im Bilde, Wien 1928

Kugler, Georg: Die Wagenburg in Schönbrunn, Mailand 1996

Melecki, Eduard von: Das bosnische Pferd, Stuttgart 1923

Nissen, Jasper: Enzyklopädie der Pferderassen, Stuttgart 1998/99

Nürnberg, Heinz: Auf den Spuren der Lipizzaner, Hildesheim 1998

Oulehla, Jaromir; Heinz Mazakarini: Die Spanische Reitschule zu Wien, Wien 1986

Helke Wendl: „Sie fährt wieder“, Pferdeland Ausg. 85/II/97, Wien 1997

Podhajsky, Obst. Alois: Die Spanische Hofreitschule, Wien 1964

Schreiber, Georg: Des Kaisers Reiterei, Wien 1967

Schreiber, Georg: Habsburger auf Reisen, Wien 1994

Schrenk, Hans-Jörg: Kutschen, Stuttgart 1989

Staudner, Florian: Rad und Wagen, Darmstadt 1989

Stelzel, Martin: Hofstallstraße I, Steinschlag Nr. 94, Wien 1991

Vajda, Stephan: Felix Austria, Wien/Heidelberg 1980

Wrangel, Carl Gustav: Die Rassen des Pferdes, Stuttgart 1906

Zalis, Norbert: Wie ein Gestüt lebt, Prag, 1993

Zalis, Norbert: His Imperial Grace´s Horse Park, Prag 1997

Bildnachweis

Fotos von Martin Haller; Norbert Zalis, dem wir herzlich danken; Fotos und Illustrationen aus den Archiven Welsersheimb, Haller, Dokumentationszentrum für altösterreichische Pferderassen; Brabenetz. Diverse Reproduktionen aus dem Archiv des KHM Wien und des Stadtmuseums Bad Ischl, denen hier herzlich gedankt sei; aus Privatarchiven und periodischen Druckschriften der Zeit. Grafiken von Martin Haller. Einband mit Fotos von Max Carrara nach Motiven aus der Sammlung Franz Wieser, die hier herzlich bedankt seien. Die Fotos von S. 37 und S. 41 wurden freundlicherweise von Birgit Popp zur Verfügung gestellt.

Nachwort und Dank

Wir sind nun am Ende unserer Reise durch die „Jahrhunderte des Pferdes“ angelangt. Die Pferde halfen mit, unsere Heimat groß und bedeutend zu machen. Dafür gebührt ihnen unser Respekt und Dank! Stets mussten sie auch einen hohen Blutzoll an die Ambitionen des Menschen entrichten – das sollten wir nie vergessen.

Bedauerlicherweise sind einige kulturhistorische Opfer der rasanten Entwicklung unserer Zeit zu beklagen, darunter die Wiener Hofstallungen, diverse Rennbahnen und vor allem etliche altösterreichische Rassen; sie verschwanden zum Teil durch Unverständnis oder mangelndes Interesse von Politik und Öffentlichkeit an der eigenen kulturellen Vergangenheit. Doch gibt es auch jene, in deren Herzen noch immer das Bewußtsein unserer großen hippologischen Vergangenheit verankert ist. Sie erhalten auf mannigfache Weise das Andenken an die Pferde unter dem Doppeladler.

Wenn in diesem Buch Fehler sind, so ersuche ich um Berichtigung. Etwaige Auslassungen sind unabsichtlich; außerdem schwoll das Material während der Recherche derart an, daß einfach Grenzen gezogen werden mußten und manches ungeschrieben blieb, was vielleicht noch Eingang hätte finden sollen.

Zahlreiche Personen und Institutionen haben geholfen, sie alle seien hier herzlichst bedankt. Es waren dies in besonderem Maße Heinrich Gawlik, Familie Habsburg-Lothringen, Dr. Walter Hecker, HR Dr. Georg und Florian Kugler, Franz Wieser und Prof. Günter Zeman. Weiters Dipl. Ing. Tamás Rombauer, Ing. Martin Stelzel, Florian Staudner, Christopher Wentworth-Stanley, Dr. Norbert Zalis u. v. a. Folgende Organisationen, Firmen oder Vereinigungen seien unter anderen bedankt: das Kunsthistorische Museum Wien, das Budapester Landwirtschaftsmuseum, die Spanische Hofreitschule Wien, die Wagenburg Schönbrunn, das Pferdemuseum Slatinany, das Zirkusmuseum Wien, der Jockey Club für Österreich, das Pferdeeisenbahnmuseum Kerschbaum, die Staatsgestüte Bábolna (H), Kladrub (CZ), Slatinany (CZ) und Piber (A), der Marchfelder Schlösserverein und das Archiv Joanneum Graz.

Martin Haller, St. Stefan ob Stainz